高等职业院校"十三五"规划教材

计算机应用基础

（Windows 10＋Office 2019）

主　编　苏　畅

副主编　周奇衡　邓其富

　　　　　牟　丹　李国兴

U0213409

武汉理工大学出版社

·武　汉·

图书在版编目(CIP)数据

计算机应用基础/苏畅主编. —武汉:武汉理工大学出版社,2021.7
ISBN 978-7-5629-6420-9

Ⅰ.①计… Ⅱ.①苏… Ⅲ.①电子计算机-高等职业教育-教材 Ⅳ.①TP3

中国版本图书馆 CIP 数据核字(2021)第 133413 号

项目负责人:王兆国　　　　　　　　　　　　　　责任编辑:王兆国
责 任 校 对:夏冬琴　　　　　　　　　　　　　　排　　　版:芳华时代
出 版 发 行:武汉理工大学出版社
社　　　　址:武汉市洪山区珞狮路 122 号
邮　　　　编:430070
网　　　　址:http://www.wutp.com.cn
经　　　　销:各地新华书店
印　　　　刷:武汉市天星美润设计印务有限公司
开　　　　本:787×1092　1/16
印　　　　张:16
字　　　　数:410 千字
版　　　　次:2021 年 7 月第 1 版
印　　　　次:2021 年 7 月第 1 次印刷
定　　　　价:48.00 元

前　言

当今,计算机已成为人们日常使用的基本工具,能够熟练使用计算机已是大学生必备的基本能力。"计算机应用基础"课程是高职院校所有专业的基础课程,主要是培养和提高学生应用计算机解决工作和生活中实际问题的能力,是学习后续其他课程的必要工具。

为了适应当前高职高专教育教学改革和人才培养的新要求,从根源上认识"三教"的内涵和外延,本教材组成员通过讨论,设计和组织了适用考证、适合实操、灵活讲解的教材内容。

本书共分为六个单元,知识点参照"一级计算机基础及 MS Office 应用"全国计算机等级考试要求,达到学完就可以参加全国计算机等级考试的能力;任务实操将相关知识点融于其中,采用"任务描述→学习目标→任务书→获取信息→任务实施→评价考核→任务相关知识点→总结"的结构组织内容。任务的操作由教师提出问题,引导学生一步步完成任务,体现了教师为导、学生为主的教学思想,也使教材具有"活页"的特性。本教材配套有任务的操作视频,以便学生对照学习。教师还可根据本校的大纲确定需要讲解的知识,并能灵活地增减任务或操作步骤,也可以自选任务。

本教材建议教学内容和学时分配如下表所示。

序号	单元	讲授学时	实验学时	小计
1	计算机基础知识	4	2	6
2	Windows 10 操作系统及其应用	4	2	6
3	文字处理 Word 2019	8	4	12
4	表处理 Excel 2019	8	6	14
5	电子演示文稿 PPT 2019	4	2	6
6	Internet 应用	2	2	4
	合计	30	18	48

本书由苏畅任主编,周奇衡、邓其富、牟丹和李国兴任副主编。

因时间仓促、编者的水平有限,书中难免会有错误与不足之处,恳请广大读者给予指正和建议。编者邮箱:80649566@qq.com。

编　者

2021 年 5 月

目　录

单元1 计算机基础知识

本单元共分两个任务(任务1采购一台计算机、任务2存储数据),通过学习,使读者能够达到以下目标。

1)知识目标

(1)了解计算机的发展史;

(2)了解计算机的组成及工作原理;

(3)了解数制的概念及存储原理;

(4)了解汉字及字符的编码;

(5)掌握数制的转换方法和技巧。

2)能力目标

(1)能够选配计算机;

(2)能够进行数制的转换。

3)素质目标

(1)具有自主探究的学习能力;

(2)树立大数据时代数据安全意识。

任务1.1　采购一台计算机

学习目标:

1.了解计算机的发展及应用;

2.掌握计算机的特点;

3.了解计算机系统的组成;

4.学会计算机的硬件的选配;

5.学会键盘、鼠标的正确操作方法。

思政小课堂:

学会提防商家以次充好,学会理性消费,学会系统地分析问题和解决问题。

视频资源:

认识计算机

选购 CPU

选购主板

选购其他配件

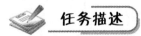

任务描述

忠国梦是计算机科学系2021级的一名新同学。他深知自己是一名国家帮扶的精准扶贫对象,所以,他一进校就有远大的报国情怀,决定努力学习一门过硬的技能,毕业后,要用自己所学技能去帮助更多需要帮助的人。为此,他下定决心用好人资助他的4500元钱购买一台组装计算机,以便在今后的学习中更好地学习计算机的相关知识。请你按下列要求并结合他的实际情况在IT市场给他选购一台物美价廉的计算机。

任务书

采购计算机的要求如下:

(1)选购合适的CPU

CPU是计算机的核心部件。

(2)选购匹配的主板

主板的结构相当于一个城市的规划,是保证计算机运行稳定的主要部件。

(3)选购适中的硬盘

硬盘是计算机的存储空间,其读取速度和空间大小直接影响计算机运行及存储能力,因此要合理确定硬盘的类型和容量。

(4)选购内存

内存是计算机的运行空间,其读取速度和空间大小直接影响计算机的运行能力。

(5)选购显示器

显示器是计算机对外的窗口,其显示效果直接影响用户的观看效果。

(6)选购显卡

显卡是连接显示器与主机的转接口,同时还兼顾显示缓冲功能,其显存的大小直接影响显示效果。

(7)选购机箱、电源

机箱是固定主板和硬盘等部件的支架,只要足够严实就可以了,至于外观,因人而异。电源是计算机的能源供应站,电源供应能力和稳定性不足会直接影响计算机的正常工作,严重时会烧坏计算机主板等组成部件。

(8)选购键盘、鼠标

键盘和鼠标是计算机最重要的输入设备,其使用手感非常重要,直接影响输入效率。

几乎所有的数据都要通过键盘、鼠标输入计算机,因此科学熟练地操作键盘、鼠标会大大提高工作效率。

参照表1-1所示写出选购一台电脑的配置清单。

表1-1　计算机配置清单

序号	配件名称	型号	单价
1	主板		
2	CPU		

序号	配件名称	型号	单价
3	内存		
4	硬盘		
5	显卡		
6	显示器		
7	机箱		
8	电源		
9	键盘、鼠标		
	合计		

获取信息

引导问题 1:计算机系统由_____系统和_____系统组成。

引导问题 2:硬件系统由运算器、控制器、_____、_____和_____组成。

引导问题 3:计算机有哪些特点?

引导问题 4:软件系统由_____软件和_____软件组成。

引导问题 5:完成以下选择题。

(1)下列属于输入设备的是(　　)。

A. 键盘　　　　　　B. 扫描仪　　　　　　C. 硬盘　　　　　　D. 内存

(2)下列属于输出设备的是(　　)。

A. 键盘　　　　　　B. 扫描仪　　　　　　C. 打印机　　　　　　D. 内存

(3)硬盘主要有(　　)。

A. 机械硬盘　　　　B. 固态硬盘　　　　　C. 光驱硬盘　　　　　D. 内存

(4)中英文输入法切换的快捷键是(　　)。

A. Ctrl+Shift　　　　　　　　　　　B. Ctrl+空格键

C. Alt+空格键　　　　　　　　　　　D. Alt+Shift

(5)复制当前窗口的快捷键是(　　)。

A. Ctrl+Copy　　　　　　　　　　　B. Ctrl+ Print Screen

C. Alt+Copy　　　　　　　　　　　　D. Alt+Print Screen

引导问题 6:键盘主要分为哪几个功能区?

任务实施

1. 选购 CPU

引导问题 7：写出 CPU 的主要性能指标。

引导问题 8：选购 CPU 的原则是（　　）。

A. 选购价格贵的　　　　　　　　　　　B. 选购 ADM 公司的产品

C. 根据需求分析选择　　　　　　　　　D. 选购 Intel 公司的产品

2. 选购主板

引导问题 9：写出主板上主要的接口、插槽和芯片名称。（用图片展示）

引导问题 10：写出十个生产主板的厂商。

3. 选购内存

引导问题 11：写出内存的主要性能指标。

引导问题 12：写出十个生产内存的厂商。

4. 选购硬盘

引导问题 13：写出硬盘的主要性能指标。

引导问题 14：下列属于硬盘接口的是（　　）。

A. IDE 接口　　　　　　　　　　　　　B. SATA 接口

C. SCSI 接口　　　　　　　　　　　　　D. SAS 接口

引导问题 15：下列关于硬盘描述正确的是（　　）。

A. 机械硬盘的读写速度比固态硬盘的慢

B. 机械硬盘都是磁碟型的，数据储存在磁碟扇区里

C. 固态硬盘是使用闪存颗粒(即 MP3、U 盘等存储介质)制作而成

D. 固态硬盘容量较小，机械硬盘容量较大

5.选购显示器

引导问题16:写出显示器的主要性能指标。

_____

引导问题17:写出十个生产显示器的厂商。

_____

6.选购显卡

引导问题18:写出显卡的主要性能指标。

_____

引导问题19:写出五个生产显卡的厂商。

_____

7.选购机箱、电源

引导问题20:写出电源的主要性能指标。

_____

引导问题21:写出五个生产电源的厂商。

_____

评价考核

项目名称	评价内容	评价分数		
		自我评价	互相评价	教师评价
职业素养考核项目	劳动纪律			
	课堂表现			
	合作交流			
专业能力考核项目	学习准备			
	引导问题填写			
	完成质量			
	是否按时完成			
	规范操作			
综合等级		教师签名		

注:评价等级分为 A(优秀)、B(良好)、C(合格)、D(努力)4 个。

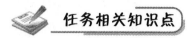 **任务相关知识点**

1.1.1　计算机概述

1.1.1.1　计算机的发展

计算机(computer)俗称电脑,是现代一种用于高速计算的电子计算机器。计算机可以进行数值计算,也可以进行逻辑计算,还具有存储记忆功能,是能够按照程序运行,自动、高速处理海量数据的现代化智能电子设备。

计算机的发展经历了以下四个阶段。

第一个发展阶段:1946—1956 年电子管计算机的时代。1946 年,第一台电子计算机(electronic numerical integrator and calculator,ENIAC)问世于美国宾夕法尼亚大学,全称叫"电子数值积分和计算机"。它由冯·诺依曼设计,占地 170m²,功率为 150kW。运算速度慢,它是计算机发展历史上的一个里程碑。

第二个发展阶段:1956—1964 年晶体管的计算机时代。

第三个发展阶段:1964—1970 年集成电路与大规模集成电路的计算机时代。

第四个发展阶段:1970 年至今超大规模集成电路的计算机时代。

计算机从出现至今,经历了机器语言、程序语言、简单操作系统和 Linux、Macos、BSD、Windows 等现代操作系统四代,运行速度也得到了极大的提升,第四代计算机的运算速度已经达到每秒几十亿次。

1.1.1.2　计算机的特点

计算机主要有五大特点。

(1)自动化程度高

计算机把处理信息的过程表示为由许多指令按一定次序组成的程序。计算机具备预先存储程序并按存储的程序自动执行而不需要人工干预的能力,因而自动化程度高。

(2)运算速度快,处理能力强

由于计算机采用高速电子器件,因此能以极高的速度工作。现在普通的微机每秒可执行几十万条指令,而巨型机的运算速度则可达每秒几十亿次甚至几百亿次。随着科技发展,此速度仍在提高。

(3)具有很高的计算精确度

在科学研究和工程设计中,对计算结果的精确度有很高的要求。一般的计算工具只能达到几位数字,而计算机对数据处理结果精确度可达到十几位、几十位有效数字,根据需要甚至可达到任意的精度。由于计算机采用二进制表示数据,因此其精确度主要取决于计算机的字长,字长越长,有效位数越多,精确度也越高。

(4)具有存储容量大的记忆功能

计算机的存储器具有存储、记忆大量信息的功能,这使计算机有了"记忆"的能力。目前计算机的存储量已高达千兆乃至更高数量级的容量,并仍在提高,其具有"记忆"功能是与传统计算器的一个重要区别。

(5)具有逻辑判断功能

计算机不仅具有基本的算术能力,还具有逻辑判断能力,这使计算机能进行诸如资料分类、情报检索等具有逻辑加工性质的工作。这种能力是计算机处理逻辑推理的前提。

此外,微型计算机还具有体积小、质量轻、耗电少、功能强、使用灵活、维护方便、可靠性高、易掌握、价格便宜等特点。

1.1.1.3　计算机的应用领域

随着科技的进步,各种计算机技术、网络技术的飞速发展,计算机的发展已经进入了一个快速而又崭新的时代,计算机已经从功能单一、体积较大发展到了具备功能复杂、体积微小、资源网络化等特征。计算机也由原来的仅供军事科研使用发展到人人拥有。计算机强大的应用功能,产生了巨大的市场需要。因此,计算机的应用领域在不断地扩大。当前,计算机的应用领域主要有以下几个方面。

(1)科学计算

科学计算又称数值计算。在近代科学和工程技术中常常会遇到大量复杂的科学问题,因此,科学研究、工程技术的计算是计算机应用的一个基本方面,也是计算机最早应用的领域。

(2)数据处理

数据处理又称信息处理,是对数字、文字、图表等信息数据及时地加以记录、整理、检索、分类、统计、综合和传递,得出人们所要求的有关信息。它是目前计算机最广泛的应用领域,据统计,世界上 80% 以上的计算机主要用于数据处理。

(3)过程控制

过程控制又称实时控制,是指利用计算机进行生产过程、实时过程的控制,它要求很快的反应速度和很高的可靠性,以提高产量和质量,节约原料消耗,降低成本,达到过程的最优控制。

(4)计算机辅助系统

计算机辅助系统是指用计算机帮助工程技术人员进行设计工作,使设计工作实现半自动化甚至全自动化,不仅大大缩短设计周期、降低生产成本、节省人力物力,而且保证产品质量。

计算机辅助系统已被广泛应用在大规模集成电路、计算机、建筑、船舶、飞机、机床、机械甚至服装的设计上,如计算机辅助设计(CAD)、计算机辅助制造(CAM)、计算机辅助测试(CAT)、计算机辅助教学(CAI)等。

(5)人工智能

人工智能(Artificial Intelligence,AI)使计算机能模拟人类的感知,推理、学习和理解某些智能行为,实现自然语言理解与生成、定理机器证明、自动程序设计、自动翻译、图像识别、声音识别、疾病诊断,并能用于各种专家系统和机器人构造等。

1.1.1.4　计算机系统

计算机系统由硬件系统和软件系统组成。其中硬件系统包括运算器、控制器、存储器、输入设备和输出设备,如图 1-1 所示;软件系统由系统软件和应用软件组成。中央处理器包含了运算器和控制器,输入输出设备统称外部设备。

(1)硬件系统

①存储器。主要功能是存放程序和数据,程序是计算机操作的依据,数据是计算机操作

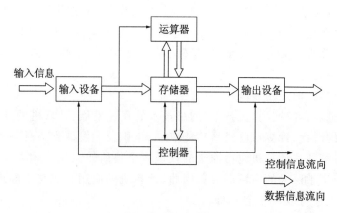

图 1-1　硬件系统

的对象。存储器是由存储体、地址译码器、读写控制电路、地址总线和数据总线组成。由中央处理器直接随机存取指令和数据的存储器称为主存储器,磁盘、磁带、光盘等大容量存储器称为外存储器(或辅助存储器)。主存储器、外部存储器和相应的软件,共同组成计算机的存储系统。

②中央处理器的主要功能是按存在存储器内的程序,逐条地执行程序所指定的操作。中央处理器的主要组成部分是:数据寄存器、指令寄存器、指令译码器、算术逻辑部件、操作控制器、程序计数器(指令地址计数器)、地址寄存器等。

③外部设备是用户与机器之间的桥梁。输入设备的任务是把用户要求计算机处理的数据、字符、文字、图形和程序等各种形式的信息转换为计算机所能接受的编码形式存入计算机内。输出设备的任务是把计算机的处理结果以用户需要的形式(如屏幕显示、文字打印、图形图表、语言音响等)输出。输入输出接口是外部设备与中央处理器之间的缓冲装置,负责电气性能的匹配和信息格式的转换。

(2)软件系统

软件是能使计算机硬件系统顺利和有效工作的程序集合的总称,各类程序间的关系如图 1-2 所示。程序总是要通过某种物理介质来存储和表示的,比如磁盘、磁带、程序纸、穿孔卡等,但软件并不是指这些物理介质,而是指那些看不见、摸不着的程序本身。可靠的计算机硬件如同一个人的强壮体魄,有效的软件如同一个人的聪颖思维。

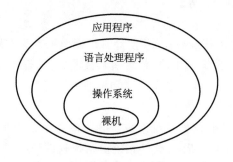

图 1-2　程序间的关系

系统软件负责对整个计算机系统资源的管理、调度、监视和服务。应用软件是指各个不同领域的用户为各自的需要而开发的各种应用程序。

计算机软件系统包括：

①操作系统：操作系统是系统软件的核心，它负责对计算机系统内各种软、硬件资源的管理、控制和监视。常见的操作系统有 Linux、DOS、UNIX、Windows、Windows Server 等。

②数据库管理系统：负责对计算机系统内全部文件、资料和数据的管理和共享。

③编译系统：负责把用户用高级语言所编写的源程序编译成机器所能理解和执行的机器语言。

④网络系统：负责对计算机系统的网络资源进行组织和管理，使得在多台独立的计算机间能进行相互的资源共享和通信。

⑤标准程序库：按标准格式所编写的一些程序的集合，这些标准程序包括求解初等函数、线性方程组、常微分方程、数值积分等计算程序。

⑥服务性程序：也称实用程序，是为增强计算机系统的服务功能而提供的各种程序，包括对用户程序的装置、连接、编辑、查错、纠错、诊断等功能。

⑦应用程序：也称为应用软件，是为了满足工作、生活和学习等目的而编写的软件。常见的应用软件有 Microsoft Office、WPS Office、Photoshop、Flash、3Dmax、AutoCAD、WeChat 等。

1.1.2　计算机硬件系统

1.1.2.1　CPU

CPU(Central Processing Unit)中文名为中央处理器，如图 1-3 所示。CPU 相当于人的大脑，是整个计算机系统的核心，一台计算机档次的高低基本可以由 CPU 的优劣来决定。CPU 是整个计算机系统最高的执行单位，负责计算机系统的协调、控制以及程序运行。

图 1-3　CPU

CPU 的主要性能指标如下：

(1)主频

即 CPU 的时钟频率，用来表示 CPU 的运算速度，单位是 MHz。一般来说，主频越高速度越快。但由于内部制造结构不同，并非所有的时钟频率相同的 CPU 的性能都一样。

(2)前端总线频率

前端总线是 CPU 与计算机系统沟通的通道，CPU 必须通过它才能与其他计算机设备进行数据通信，该频率直接影响 CPU 与内存之间数据交换的速度。

(3)一级和二级高速缓存

内置高速缓存可以提高 CPU 的运行效率,这也正是 Intel 酷睿 i5 3570K(盒)比 Intel 酷睿 i3 3220(盒)快的原因。内置的 L1 高速缓存的容量和结构对 CPU 的性能影响较大。

(4)工作电压

工作电压是指 CPU 正常工作所需的电压。随着 CPU 主频的提高,CPU 工作电压有逐步下降的趋势,以解决发热过高的问题。

(5)制作工艺

在生产 CPU 过程中,要加工各种电路和电子元件,制造导线连接各个元器件。其生产的精度通常以纳米(以前用微米)来表示,精度越高,生产工艺越先进,在同样的材料中可以制造更多的电子元件,连接线也越细,提高 CPU 的集成度。

1.1.2.2　主板

主板是一块大型印刷电路板,又称系统板或母板。如果将 CPU 比喻成人的大脑,则可以把主板比喻成人的躯干和神经中枢,上面布满了各种"元器件"(如图 1-4 所示)。主板上通常有 CPU 插槽、内存储器插槽、输入输出控制电路、扩展插槽、I/O 接口、面板控制开关和与指示灯相连的接插件等。

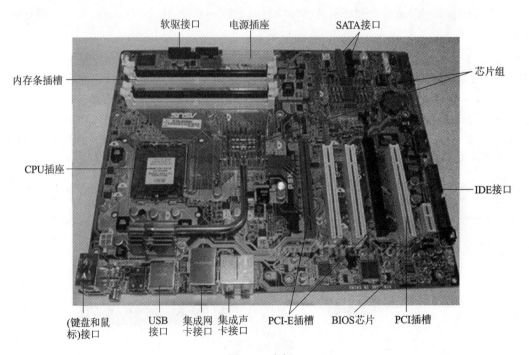

图 1-4　主板

主板上有一些插槽或 I/O 通道,不同型号主板所含的扩展槽个数不同。扩展槽可以随意插入某个标准选件,如显卡、声卡、网卡和视频解压卡等。扩展槽有 16 位和 32 位槽等几种,而且可以更换相应接口上的设备达到相应的子系统局部升级,从而提高计算机系统的性能。主板上的总线并行地与扩展槽相连,数据、地址和控制信号由主板通过扩展槽送到选件板,再传送到与计算机相连的外部设备上。

1.1.2.3　内存

内存如图 1-5 所示,它的全称是"内存储器",用来存放运行的程序和当前使用的数据,它可以直接与 CPU 交换信息。一般内存分为 RAM(Random Access Memory,随机读写存储器)和 ROM(Read Only Memory,只读存储器)两种。

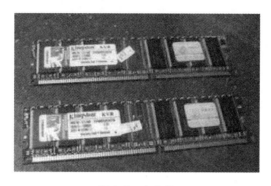

图 1-5 内存条

(1)RAM

RAM 在计算机工作时,既可从中读出信息,也可随时写入信息,所以,RAM 是一种在计算机正常工作时可读/写的存储器。在随机存储器中,以任意次序读写任意存储单元所用时间是相同的。目前所有的计算机大都使用半导体随机存储器。半导体随机存储器是一种集成电路,其中有成千上万个存储单元。根据元器件结构的不同,随机存储器又可分为静态随机存储器(Static RAM,简称 SRAM)和动态随机存储器(Dynamic RAM,简称 DRAM)两种。静态随机存储器(SRAM)集成度低、价格高,但存取速度快,它常用作高速缓冲存储器(Cache)。Cache 是指工作速度比一般内存快得多的存储器,它的速度基本上与 CPU 速度相匹配,它的位置在 CPU 与内存之间(如图 1-6 所示)。在通常情况下,Cache 中保存着内存中部分数据映像。CPU 在读写数据时,首先访问 Cache。如果 Cache 含有所需的数据,就不需要访问内存;如果 Cache 中没有所需的数据,才去访问内存。设置 Cache 的目的,就是提高机器运行速度。动态随机存储器是用半导体器件中分布电容上有无电荷来表示"0"和"1"的,因为保存在分布电容上的电荷会随着电容器的漏电而逐步消失,所以需要周期性地给电容充电,称为刷新。这类存储器集成度高、价格低、存储速度慢。随机存储器存储当前使用的程序和数据,一旦机器断电,就会丢失数据,而且无法恢复。因此,用户在操作计算机过程中应养成随时存盘的习惯,以免断电时丢失数据。

图 1-6 CPU 与外在连接

(2)ROM

只读存储器(ROM)只能做读出操作而不能做写入操作。只读存储器用来存放固定不变重复执行的程序,其中的信息是在制造时用专门的设备一次性写入的。只读存储器中的内容是永久性的,即使关机或断电也不会消失。目前,有多种形式的只读存储器,常见的有如下几种:

①PROM:可编程的只读存储器;

②EPROM:可擦除的可编程只读存储器;

③EEPROM：可用电擦除的可编程只读存储器。

CPU（运算器和控制器）和主存储器组成了计算机的主机部分。

1.1.2.4　硬盘

外存的全称是"外存储器"，它又被称为"辅助存储器"，用来存放暂时不用的程序和数据，它不能直接与CPU交换信息，只能和内存交换数据。外存相对于内存而言，存取速度较慢，但存取容量大、价格较低、信息不会因掉电而丢失。目前常用的外存有硬盘和光盘等。

硬盘的外形如图1-7所示，它是迄今最重要的外存储器，具有磁盘容量大、存取速度较快、可靠性高、每兆字节成本低等优点。目前较常见的有160GB、320GB和500GB等规格的硬盘。硬盘内的洁净度要求非常高，采用了密封型空气循环方式和空气过滤装置，所以不得任意拆卸。

图1-7　硬盘

硬盘接口（如图1-8所示）是硬盘与主机系统间的连接部件，其作用是在硬盘缓存和主机内存之间传输数据。不同的硬盘接口决定着硬盘与计算机之间的连接速度，在整个系统中，硬盘接口的优劣直接影响着程序运行速度和系统性能。从整体的角度上，硬盘接口分为IDE、SCSI、光纤通道和SATA四种：IDE接口是最早出现的一种类型接口，这种类型的接口随着接口技术的发展已经被淘汰了；SCSI接口的硬盘则主要应用于服务器市场；光纤通道只用在高端服务器上，价格昂贵；使用SATA接口的硬盘又叫串口硬盘，目前市场上的硬盘多采用此接口，SATA接口具有纠错能力强、结构简单、支持热插拔等优点。

图1-8　IDE接口（左）和SATA接口（右）

一个存储器中所包含的字节数称为该存储器的容量，简称存储容量。存储容量通常用KB、MB或GB表示，其中B是字节（Byte），并且1KB＝1024B，1MB＝1024KB，1GB＝1024MB。例如，640KB就表示640×1024＝655360个字节。

1.1.2.5 显卡

显卡是很重要的计算机配件之一,如图 1-9 所示。它的性能直接关系到计算机的显示性能。

显卡是电脑中负责处理图像信号的专用设备,在显示器上显示的图形都是由显卡生成并传送给显示器的,因此显卡的性能决定着机器的显示效果。显卡分为主板集成的集成显卡和独立显卡,在品牌机中采用集成显卡和独立显卡的产品约各占一半,在低端的产品中更多的是采用集成显卡,在中、高端市场则较多采用独立显卡。

图 1-9 显卡

独立显卡是指显卡呈独立的板卡存在,需要插在主板的 AGP 或 PCI-E 等接口上,独立显卡具备单独的显存,不占用系统内存,而且技术上领先于集成显卡,能够提供更好的显示效果和运行性能;集成显卡是将显示芯片集成在主板芯片组中,在价格方面更具优势,但不具备显存,需要占用系统内存(占用的容量大小可以调节)。

显示芯片是显卡的核心芯片,它负责系统内视频数据的处理,决定着显卡的级别、性能。不同的显示芯片,无论在内部结构设计,还是在性能表现上都有着较大的差异。显示芯片在显卡中的地位,就相当于电脑中 CPU 的地位,是整个显卡的核心。

1.1.2.6 机箱、电源

机箱是计算机的外壳,从外观上分为卧式和立式两种。机箱一般包括外壳、用于固定软硬盘驱动器的支架、面板上必要的开关、指示灯和显示数码管等。机箱内还有电源。

通常在主机箱的正面都有电源开关 Power 和 Reset 按钮,Reset 按钮用来重新启动计算机系统(有些机器没有 Reset 按钮)。

在主机箱的背面配有电源插座,用来给主机及其他的外部设备提供电源。一般的 PC 都有一个并行接口和两个串行接口,并行接口用于连接打印机,串行接口用于连接鼠标、数字化仪器等串行设备。另外,通常 PC 还配有一排扩展卡插口,用来连接其他的外部设备,如图 1-10 所示。

图 1-10 机箱

1.1.2.7 鼠标、键盘

(1)鼠标

鼠标是一种手持式屏幕坐标相对定位设备,是人机对话的基本输入设备。鼠标比键盘更加灵活方便,它是适应菜单操作的软件和图形处理环境而出现的一种输入设备,特别是在现今流行的 Windows 图形操作系统环境下应用鼠标器方便快捷。鼠标按工作原理可以分为机械式鼠标和光电式鼠标两种。

机械式鼠标的底座上装有一个可以滚动的金属球,当鼠标器在桌面上移动时,金属球与桌面摩擦,发生转动,如图 1-11 所示。金属球与四个方向的电位器接触,可测量出上下左右四个方向的位移量,用以控制屏幕上光标的移动。光标和鼠标器的移动方向是一致的,而且移动的距离成比例。

光电式鼠标的底部装有两个平行放置的小光源,如图 1-12 所示。这种鼠标器在反射板上移动,光源发出的光经反射板反射后,由鼠标器接收,并转换为电移动信号送入计算机,使屏幕的光标随之移动。光电式鼠标的其他方面与机械式鼠标一样。

图 1-11　机械式鼠标　　　　　　　图 1-12　光电式鼠标

鼠标按接口类型可分为 PS/2 鼠标、USB 鼠标和无线鼠标。PS/2 鼠标通过一个六针微型 DIN 接口与计算机相连,接口通常为绿色。USB 鼠标支持热插拔,是现在流行的鼠标。无线鼠标采用红外线、蓝牙等无线技术与主板实现连接,如图 1-13 所示。

图 1-13　PS/2 鼠标、USB 鼠标和无线鼠标

（2）键盘

键盘是常用的输入设备,它由一组开关矩阵组成,包括数字键、字母键、符号键、功能键及控制键等。每一个按键在计算机中都有它的唯一代码。当按下某个键时,键盘接口将该键的二进制代码送入计算机主机中,并将按键字符显示在显示器上。当快速大量输入字符,主机来不及处理时,先将这些字符的代码送往内存的键盘缓冲区,然后再从该缓冲区中取出进行分析处理。键盘接口电路多采用单片微处理器,由它控制整个键盘的工作,如上电时对键盘的自检、键盘扫描、按键代码的产生、发送及与主机的通信等。键盘是人机对话的最基本的输入设备,用户可以通过键盘输入的命令程序和数据。目前常用的标准键盘有 101 键、104 键和 107 键三种,如图 1-14 所示。

图 1-14　键盘

目前市场上的键盘接口主要有 PS/2（紫色）、USB。

（3）键盘的功能

①F 键区域:该区域共有 13 个按键,Esc、F1 至 F12。如图 1-15 所示。

图 1-15　F 键区域

- F1：帮助信息。
- F2：选定了一个文件或文件夹，按下 F2 则会对这个选定的文件或文件夹重命名。
- F3：桌面上按下 F3，则会出现"搜索文件"的窗口。
- F4：这个键用来打开 IE 中的地址栏列表。
- F5：用来刷新 IE 或资源管理器中当前所在窗口的内容。
- F6：可以快速在资源管理器及 IE 中定位到地址栏。
- F7：在 Windows 中没有任何作用。不过在 DOS 窗口中，它是有作用的。
- F8：在启动电脑时，可以用它来显示启动菜单。
- F9：在 Windows 中同样没有任何作用。在 Windows Media Player 中可以用来快速降低音量。
- F10：用来激活 Windows 或程序中的菜单。在 Windows Media Player 中可以提高音量。
- F11：可以使当前的资源管理器或 IE 变为全屏显示。
- F12：在 Windows 中没有作用，但在 Word 中，按下它会快速弹出另存为文件的窗口。

注：F1 至 F12 在不同软件中，也有不同的作用。

②打字键区域：10 个数字加 26 个字母，以及 2 个 Ctrl 键，2 个 Shift 键，11 个符号键，1 个退格键，1 个回车键，1 个空格键，2 个 Win 窗口，1 个 Tab 键，1 个 Caps Lock 键，还有 1 个图案是一张纸加一个箭头的按键，共 61 个。该区域 11 个符号键上都有 2 个符号，1 至 0 的数字键也是上下 2 个符号，上面的符号需要按住【Shift 上档键】才能输入。

- Tab 键也叫作跳格键，如表格里不同表格的顺序跳格；此外，还有切换的作用，如在窗口各按键之间的切换等。
- 在右边 Shift 键和 Ctrl 键之间的带一个箭头的按键，很不常用，可以用作鼠标的右键。
- Win 窗口键，单击是【开始】菜单，Win 窗口键＋D 可以快速切换到桌面。

③小键盘区域：该区域有 10 个数字键，外加 4 个符号键，1 个回车键，一个 Del 键。

- Num Lock 是小键盘数字与方向键之间的切换。当 Num Lock 指示灯亮，小键盘就是以数字的形式输入。

符号键就是加、减、乘、除，Del 是小数点。当 Num Lock 指示灯关闭，小键盘就是以方向显示，原数字 8246 键就是上下左右的方向键，Del 就是删除键。

- 数字键 0、7、9、1、3 上对应的 InS、Home、PgUp、End、PgDn 在功能键区域中再做解释。

④功能键区域：有 9 个功能键，4 个方向键。

- Print Screen/SysRq 键：单击是全屏截图，然后粘贴到相应的程序里即可。
- Scroll Lock 键：在 Windows 中没用，在 Excel 中可以是滚动键。
- Pause/Break 键：暂停/中断。
- Insert 键：在文本输入中，用于插入和改写间的切换。小键盘关 Num Lock 指示灯后的数字 0 功能和它一样。

- Home 键：将光标移动到编辑窗口或非编辑窗口的第一行的第一个字上。
- End 键：将光标移动到编辑窗口或非编辑窗口的第一行的最后一个字上。
- Page Up 键和 Page Down 键：作用是上（下）面翻页。
- Delete 键：删除键。

1.1.2.8　刻录光驱

光驱，是电脑用来读写光碟内容的机器，是台式机里比较常见的一个配件。随着多媒体的应用越来越广泛，使得光驱在台式机诸多配件中已经成为标准配置。目前，光驱可分为 CD-ROM 光驱、DVD 光驱（DVD-ROM）和刻录机等。

（1）CD-ROM 光驱

CD-ROM 又称为致密盘只读存储器，是一种只读的光存储介质。它是利用原本用于音频 CD 的 CD-DA（Digital Audio）格式发展起来的。CD-ROM 光驱可用来读取 CD-ROM 碟片。

（2）DVD 光驱

DVD 光驱是一种可以读取 DVD 碟片的光驱，除了兼容 DVD-ROM，DVD-VIDEO，DVD-R，CD-ROM 等常见的格式外，对于 CD-R/RW，CD-I，VIDEO-CD，CD-G 等都能很好地支持。

（3）DVD 刻录机

DVD 刻录机不仅包含了以上光驱的功能，还能将数据刻录到 DVD、CD 的刻录光盘中（如图 1-16 所示）。目前使用的频率比较高。刻录机按外观分为内置和外置两种，内置的较为多见，而外置的多为专业便携机。

图 1-16　光驱

1.1.2.9　显示器

显示器的外形如图 1-17 所示，市场上目前常见的显示器一般可以分为以下两种。

图 1-17　LCD 显示器和 LED 显示器

（1）LCD（液晶）显示器

随着技术不断提高，显示效果不断提升，而其价格不断下降，并且它体积小，质量轻，如今已经完全取代了 CRT 显示器的地位。

（2）LED 显示器

LED 显示器集微电子技术、计算机技术、信息处理于一体，以其动态范围广、亮度高、清晰度高、工作电压低、功耗小、寿命长、耐冲击、色彩艳丽和工作稳定可靠等优点，成为最具优势的新一代显示媒体。LED 显示器已广泛应用于大型广场、商业广告、体育场馆、信息传播、新闻发布、证券交易等，可以满足不同环境的需要。

（3）显示器的性能参数

①显示器的分辨率。LCD 或 LED 显示器一般是 16：10（常见的是 1440×900、1680×1050、1920×1200）和 16：9（常见分辨率 1600×900、1920×1080）。

②显示器的尺寸大小。常见的尺寸大小有 19 寸、20 寸、21.5 寸、21.6 寸、22 寸、23 寸、23.6 寸、24 寸、24.6 寸、27 寸、28 寸和 30 寸等。

1.1.3　配件的连接

1.1.3.1　内部连接

在认识了各个配件后，我们需要将各配件进行连接，如图 1-18 所示。

图 1-18　机箱内部连接

1.1.3.2　外部连接

那么机箱外部的连接又是怎么样的呢？如图 1-19 所示。

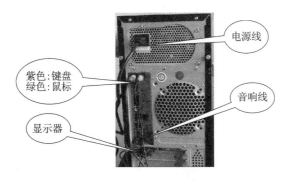

图 1-19　机箱背面连接

1.1.4　选择办公设备

1.1.4.1　选购打印机

打印机是计算机系统的重要输出设备之一，它的作用是把计算机中的信息打印在纸张或其他介质上。目前常见的打印机有针式打印机、喷墨打印机、激光打印机等几种。

（1）针式打印机

针式打印机属于打击式打印机，主要由打印头、运载打印头的小车装置、色带机构、输纸机构和控制电路几部分组成，如图 1-20 所示。打印头是针式打印机的核心部件，它包括打印针、电磁铁、衔铁和复位弹簧。打印头通常由 24 针组成。这些针组成了针的点阵，当在线圈中通一脉冲电流时，衔铁被电磁铁吸合，使打印针通过色带打击在转筒上的打印纸而实现由点阵组成的字符或汉字。当线圈中的电流消失时，钢针在复位弹簧的推动作用下回复到打印前的位置，等候下一次脉冲电流。一般针式打印机价格便宜，对纸张要求低，缺点是噪声大、字迹质量不高、针头易耗损，但只有针式打印机可以打印多层纸张。其主要耗材为色带。

（2）喷墨打印机

喷墨打印机属于非打击式打印机，如图 1-21 所示。和针式打印机相比较，它的最大优点是噪声低。它是用极细的喷墨管将墨水喷射到打印介质上，在打印介质上形成图形和文字。喷墨打印机的打印质量高、功耗低、价格低，所以它应用的范围较为广泛。其主要耗材为打印机专用墨。

（3）激光打印机

激光打印机是激光技术和电子照相技术的复合产物，如图 1-22 所示，它将计算机输出信号转换成静电磁信号，磁信号使磁粉吸附在纸上形成有色字符。激光打印机尽管价格稍高，但它具有打印速度快、打印质量好、分辨率高、噪声低等特点，所以得到了广泛的应用。其主要耗材为碳粉。

图 1-20　针式打印机　　　　图 1-21　喷墨打印机　　　　图 1-22　激光打印机

1.1.4.2　选购存储器

在相连的计算机之间传输较大数据文件一直是一件很麻烦的事，移动存储设备的出现解决了这个问题。它使用 USB 接口，具有可以进行热插拔、无外接电源、体积小、质量轻、携带方便等特点。任何带有 USB 接口的计算机都可以使用移动存储设备。

移动存储设备具有以下优异特性：

• 不需要驱动器，无外接电源。

• 容量大（2GB、4GB、8GB 到几十 GB 以上）。

• 体积小、质量轻，携带方便。

• 使用简便，即插即用，可带电插拔。

- 存取速度快,约为软盘存取速度的 15 倍。
- 可靠性好,可反复擦写,带写保护功能。
- 具备系统启动、杀毒、加密保护等功能。

(1)移动硬盘

移动硬盘(如图 1-23 所示)顾名思义是以硬盘为存储介质,强调便携性的存储产品。目前市场上绝大多数的移动硬盘都是以标准硬盘为基础的,而只有很少部分是以微型硬盘(1.8英寸硬盘等为基础),价格因素决定了以主流移动硬盘还是以标准笔记本硬盘为基础。因为采用硬盘为存储介质,移动硬盘数据的读写模式与标准 IDE 硬盘是相同的。移动硬盘多采用 USB、IEEE1394 等传输速度较快的接口,可以较高的速度与系统进行数据传输。

移动硬盘可以提供相当大的存储容量,是一种性价比较高的移动存储产品。目前,大容量"闪存盘"价格还无法被用户所接受,而移动硬盘能在用户可以接受的价格范围内提供给用户较大的存储容量和不错的便携性。目前市场中的移动硬盘能提供 160GB、500GB 等容量,一定程度上满足了用户的需求。

图 1-23　移动硬盘

现在的 PC 基本都配备了 USB 功能,主板通常可以提供 2～8 个 USB 接口,一些显示器也提供了 USB 转接器,USB 接口已成为个人计算机中的必备接口。USB 设备在大多数版本的 Windows 操作系统中,都可以不需要安装驱动程序,具有真正的"即插即用"特性,使用起来灵活方便。

(2)U 盘

U 盘也称为优盘、闪存盘,是采用 USB 接口技术与计算机相连接工作的。使用方法很简单,只需要将 U 盘插入计算机的 USB 接口,然后安装驱动程序(一般安装购买时自带的驱动程序,如果确实没有,可以到网上去下载一个万能 USB 驱动程序)。图 1-24 所示是不同类型的 U 盘。

图 1-24　U 盘

一般的 U 盘在 Windows 2000 系统以上的版本中是不需要安装驱动程序而由系统自动识别的,使用起来非常方便。

U 盘的读取速度较软盘快几十倍至几百倍,U 盘的存储容量最小的为 6MB(现在市场上已经买不到),最大的数十GB,而软盘的容量只有 1.44MB,就容量来说是天壤之别。U 盘不容易损坏,而软盘容易损坏,不便于长期保存资料。

可能在 U 盘刚出现的时候在某些问题上还离不开软盘,例如:系统崩溃,需要软盘来引导系统,对系统进行恢复。现在很多 U 盘都支持系统引导,并且引导速度比软盘更快,所以现在软盘已经基本被淘汰。

1.1.4.3　选购影像设备

(1)摄像头

摄像头(Camera)又称为电脑相机(图 1-25)、电脑眼等,是一种视频输入设备,被广泛运用于视频会议、视频聊天及实时监控等方面。另外,人们还可以将其用于当前各种流行的数码影像、影音处理。

数字摄像头的未来发展趋势是:

图 1-25　数字摄像头

①高像素、高质量图像传感器（CCD）、高传输速度（USB 3.0 或其他接口）的摄像头将会是未来的发展趋势；

②专业化（只作为专业视频输入设备来使用）、多功能化（附带其他功能，例如附带闪存盘，趋向数码相机方向发展，也可以设想以后的摄像头可以具有扫描仪的功能）等也是将来的发展趋势；

③更人性化、更易于使用、更多的实际应用功能，满足客户的真正需求。

（2）扫描仪

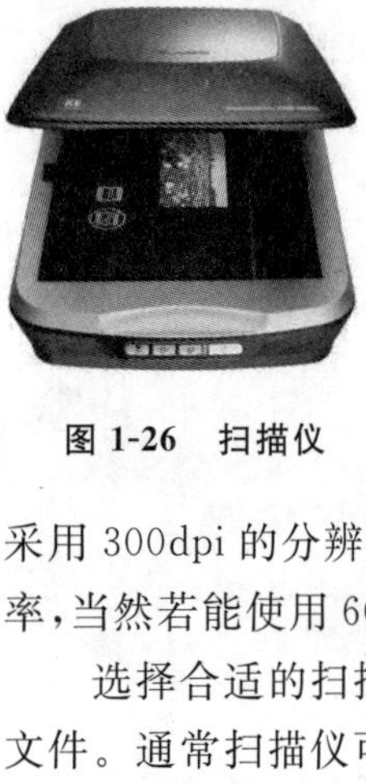

扫描仪如图 1-26 所示，它是图片输入的主要设备，能把一幅画或一张照片转换成数字信号存储在电脑内，然后可以利用有关的软件编辑、显示或打印。扫描仪在电脑领域中具有广泛的用途，除处理图像信息外，还可以通过尚书等文字识别软件处理文本信息。

图 1-26　扫描仪

很多用户在使用扫描仪时，常常会产生采用多大分辨率扫描的疑问，其实，这由用户的实际应用需求决定。如果扫描的目的是为了在显示器上观看，扫描分辨率设为 100dpi 即可；如果为打印而扫描，采用 300dpi 的分辨率即可；要想将作品通过扫描印刷出版，至少需要 300dpi 以上的分辨率，当然若能使用 600dpi 则更佳。

选择合适的扫描类型，不仅有助于提高扫描仪的识别成功率，而且还能生成合适尺寸的文件。通常扫描仪可以为用户提供照片、灰度以及黑白三种扫描类型，在扫描之前必须根据扫描对象的不同，正确选择合适的扫描类型。

①照片扫描类型适用于扫描彩色照片，它要对红绿蓝三个通道进行多等级的采样和存储，这种方式会生成较大尺寸的文件；

②灰度扫描类型则常用于既有图片又有文字的图文混排稿样，该类型扫描兼顾文字和具有多个灰度等级的图片，文件大小尺寸适中；

③黑白扫描类型常见于白纸黑字的原稿扫描，用这种类型扫描时，扫描仪会按照一个位来表示黑与白两种像素，而且这种方式生成的文件尺寸是最小的。

　**总　结**

任务 1.2　存 储 数 据

学习目标：

1. 了解数制的概念及存储原理；

2. 掌握数据存储的基本单位及转换；

3. 掌握数制的转换方法和技巧；

4. 了解汉字及字符的编码。

思政小课堂：

树立当代大学生在大数据时代的数据安全意识，增强学生的爱国意识。

视频资源：

认识数据　　　　数制转换

 **任务描述**

忠国梦购买一台计算机后，看到你给他选配的硬盘是 1TB 的，但他通过硬盘管理和第三方软件测试，发现硬盘大小不足 1TB。带着疑问，他请你帮他分析一下，这是什么原因。另外，他还想知道，文本文件的存储及图片的存储等相关问题。

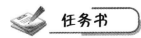 **任务书**

存储数据的要求如下：

（1）认识数制

计算机真正能识别的语言只有二进制编码。为了弄明白计算机是怎样存储信息的,我们要先学习数制的相关概念。

（2）换算存储单位

文件内容的多少不同,在存储时所占的空间是不相同。

（3）转换数制

数制转换可分为两大类,第一类是将十进制转换为非十进制;第二类是将非十进制转换为十进制。

（4）认识字符编码

字符在计算机中是以二进制编码形式存储的。

（5）计算文本文档的大小

一个空的记事本文档是不占用储存空间的,根据一个字符或一个汉字所占的存储空间,计算有 20 个英文字母和 30 个汉字的文本文档的大小是多少?

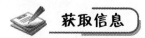 **获取信息**

引导问题 1:信息和数据有什么区别?

引导问题 2:计算机怎么能识别英文、汉字和图片等?

引导问题 3:图片的大小与哪些因素有关?

引导问题 4:一个汉字、一个数字和字母所占的空间各是多少?

引导问题 5:什么是数制?

引导问题 6:完成以下选择题。

（1）下列属于机器语言的是（　　）。

A. 汇编语言　　　　B. C 语言　　　　　　C. JAVA 语言　　　　D. 汉字语言

（2）下列最大的数据存储单位是（　　）。

A. GB　　　　　　B. TB　　　　　　　　C. PB　　　　　　　D. ZB

（3）常见的数制有（　　）。

A. 二进制　　　　B. 八进制　　　　　　C. 十进制　　　　　D. 十六进制

（4）下列属于字符编码的是（　　）。

A. ASCII　　　　　B. GB2312　　　　　　C. GBK　　　　　　D. Big5

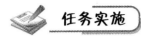 **任务实施**

1.认识数制

引导问题 7:为什么半斤等于八两?

2.换算存储单位

引导问题 8:按从小到大的顺序写出存储单位。

引导问题 9:下列计算正确的是( )。

A. 1GB＝1024MB

B. 1TB＝1024×1024MB

C. 1TB＝1000GB

D. 1TB＝1000×1000MB

3.转换数制

引导问题 10:将下列各二进制数转换为十进制数。

(1)1001　　　　(2)110110

引导问题 11:将下列各八进制数转换为十进制数。

(1)360　　　　(2)315

引导问题 12:将下列各十六进制数转换为十进制数。

(1)18D　　　　(2)BCD

引导问题 13:将下列各十进制数转换为二进制数。

(1)119　　　　(2)120

引导问题 14:将下列各十进制数转换为八进制数。

(1)129　　　　(2)815

引导问题 15:将下列各十进制数转换为十六进制数。

(1)721　　　　(2)918

引导问题 16:将下列各八进制数转换为十六进制数。

(1)54　　　　　　　(2)312

4.认识字符编码

引导问题 17:字符 a 和字符 A 哪一个大？为什么？相差多少？

引导问题 18:用 32×32 点阵存储一个汉字占多少空间？（　　）。

A.128KB　　　　　　B.1024B　　　　　　C.1024KB　　　　　　D.128B

引导问题 19:查询并写出汉字"笆"的机内码。

5.计算文本文档的大小

引导问题 20:新建一个记事本文档并记录文档所占空间的大小,然后在其中输入 20 个英文字母,并记录文档所占空间的大小,写出每个字母所占的空间大小。

引导问题 21:在问题 20 所建的文档中输入 30 个汉字,再次记录文档所占空间的大小,写出每个汉字所占空间的大小。

引导问题 22:在 C:\Windows\Web\Wallpaper 中选中一图片,记录其图片所占空间的大小,然后依次调整图片的尺寸大小、分辨率,分别记录图片所占空间的大小。

评价考核

项目名称	评价内容	评价分数		
		自我评价	互相评价	教师评价
职业素养考核项目	劳动纪律			
	课堂表现			
	合作交流			
专业能力考核项目	学习准备			
	引导问题填写			
	完成质量			
	是否按时完成			
	规范操作			
综合等级		教师签名		

注:评价等级分为 A(优秀)、B(良好)、C(合格)、D(努力)4 个。

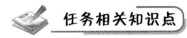任务相关知识点

1.2.1　信息与数据

（1）数据与信息的概念

数据是对所有事物的数字表示，信息是通过加工处理后的数据。

（2）信息与数据的关系

数据和信息之间是相互联系的。数据是反映客观事物属性的记录，是信息的具体表现形式。数据经过加工处理之后，就成为信息；而信息需要经过数字化转变成为数据才能存储和传输。

（3）数据与信息的区别

从信息论的观点来看，描述信源的数据是信息和数据冗余之和，即：数据＝信息＋数据冗余。

数据是数据采集时提供的，信息是从采集的数据中获取的有用信息。数据与信息的关系如图 1-27 所示。

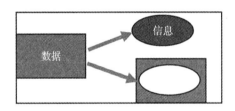

图 1-27　数据与信息

由此可见，信息可以简单地理解为数据中包含的有用的内容。不严格地说，"不知道的东西，你知道了，就获得了一个信息"。也可以说数据在未被接收对象获取前可以称为数据，一旦被对象获取，即可称为信息。

1.2.2　存储容量单位

最小的单位是"位"（bit），8 位为一个字节，最大的单位是"万亿亿亿亿字节"（CB），是位的 8.0×2^{120} 倍。从小到大依次为 b→B→KB→MB→GB→TB→PB→EB→ZB→YB→BB→NB→DB→CB。各单位间转换关系如表 1-2 所示。

表 1-2　各单位间的转换关系

中文单位	中文简称	英文单位	英文简称	进率（Byte＝1）
位	比特	bit	b	0.125
字节	字节	Byte	B	1
千字节	千字节	Kilo Byte	KB	2^{10}
兆字节	兆	Mega Byte	MB	2^{20}
吉字节	吉	Giga Byte	GB	2^{30}
太字节	太	Tera Byte	TB	2^{40}

续表 1-2

中文单位	中文简称	英文单位	英文简称	进率(Byte＝1)
拍字节	拍	Peta Byte	PB	2^{50}
艾字节	艾	Exa Byte	EB	2^{60}
泽它字节	泽	Zetta Byte	ZB	2^{70}
尧它字节	尧	Yotta Byte	YB	2^{80}
千亿亿亿字节	千亿亿亿字节	Bront Byte	BB	2^{90}
百万亿亿亿字节	百万亿亿亿字节	Nona Byte	NB	2^{100}
十亿亿亿亿字节	十亿亿亿亿字节	Dogga Byte	DB	2^{110}
万亿亿亿亿字节	万亿亿亿亿字节	Corydon Byte	CB	2^{120}

1.2.3　数制

1.2.3.1　数制的概念

数制，也叫作计数制，是指用一组固定的符号和统一的规则来表示数值的方法。一种进位计数制包含一组数码符号和三个基本因素：数码是一组用来表示某种数制的符号；基数是某数制可以使用的数码个数；数位是数码在一个数中所处的位置；权是基数的幂，表示数码在不同位置上的数。

1.2.3.2　常见的数制

（1）十进制

十进制是人们在日常生活中最熟悉的进位计数制。在十进制中，数用 0,1,2,3,4,5,6,7,8,9 这十个符号来描述。计数规则是逢十进一。

（2）二进制

二进制是在计算机系统中采用的进位计数制。在二进制中，数用 0 和 1 两个符号来描述。计数规则是逢二进一，借一当二。

（3）八进制

在八进制中，数用 0,1,2,3,4,5,6,7 这八个符号来描述。计数规则是逢八进一。

（4）十六进制

在十六进制中，数用 0,1,2,3,4,5,6,7,8,9 和 A,B,…,F(或 a,b,…,f)16 个符号来描述。计数规则是逢十六进一。

1.2.3.3　数制符号

书写时，为了方便区分各种数制，二进制在其后加上 B(binary)，八进制在其后加上 O(octal)，十进制在其后加上 D(decimal)，十六进制在其后加上 H(hexadecimal)。

1.2.3.4　数制转换

（1）将非十进制数转换为十进制数

方法：按权展开，计算求和。

m 进制数 $(a_n a_{n-1} \cdots a_2 a_1) = a_n \times m^{n-1} + a_{n-1} \times m^{n-2} + \cdots + a_2 \times m^1 + a_1 \times m^0$

小数部分依次为 $m^{-1}, m^{-2} \cdots$

[例 1-1]　将二进制数 1001110 转换为十进制数。

$1001110B=1\times2^6+0\times2^5+0\times2^4+1\times2^3+1\times2^2+1\times2^1+0\times2^0=64+8+4+2=78D$

(2)将十进制数转换为非十进制数

方法:整数部分是除基取余,逆向书写,小数部分是乘基取整,顺序书写。

[例 1-2]　将十进制数 54.625 转换为二进制数。

第一步,转换整数部分 54

$$54\div2=27\cdots\cdots0$$
$$27\div2=13\cdots\cdots1$$
$$13\div2=6\cdots\cdots1$$
$$6\div2=3\cdots\cdots0$$
$$3\div2=1\cdots\cdots1$$
$$1\div2=0\cdots\cdots1$$

从最后一个余数依次书写,因此 54D=110110B

第二步,转换小数部分.625

$0.625\times2=1.25$　　　乘积的整数部分为 1;

$0.25\times2=0.5$　　　乘积的整数部分为 0;

$0.5\times2=1.0$　　　乘积的整数部分为 1;

从第一个整数开始书写,因此.625D=.101B

直到小数部分为 0 或达到要求保留的小数位数为止。

第三步,将整数部分和小数部分写在一起。

$$54.625D=110110.101B$$

1.2.4　字符编码

内码是指计算机汉字系统中使用的二进制字符编码,是沟通输入、输出与系统平台之间的交换码,通过内码可以达到通用和高效率传输文本的目的。比如 MS Word 中所存储和调用的就是内码而非图形文字。英文 ASCII 字符采用一个字节的内码表示,中文字符如国标字符集中,GB2312、GB12345、GB13000 皆用双字节内码,GB18030(27533 个汉字)双字节内码汉字为 20902 个,其余 6631 个汉字用四字节内码。

1.2.4.1　ASCII

ASCII 的全名为美国(国家)信息交换标准(代)码,是一种使用 7 个或 8 个二进制位进行编码的方案,最多可以给 256 个字符 ASCII(包括字母、数字、标点符号、控制字符及其他符号)分配(或指定)数值。ASCII 码于 1961 年提出,用于在不同计算机硬件和软件系统中实现数据传输标准化,在大多数的小型机和全部个人计算机上都使用此码。ASCII 码划分为两个集合:128 个字符的标准 ASCII 码和附加了 128 个字符的扩充的 ASCII 码。其中 95个字符可以显示。另外 33 个不可以显示。标准 ASCII 码为 7 位,扩充为 8 位。

目前使用最广泛的西文字符集及其编码是 ASCII 字符集和 ASCII 码(ASCII 是 American Standard Code for Information Interchange 的缩写),它同时也被国际标准化组织(International Organization for Standardization,ISO)批准为国际标准。基本的 ASCII 字符集共有 128 个字符,其中有 96 个可打印字符,包括常用的字母、数字、标点符号等,另外还有 32 个控制字符。标准 ASCII 码使用 7 个二进位对字符进行编码，对应的 ISO 标准为 ISO646 标准。表 1-3 展示了基本 ASCII 字符集及其编码。

表 3-1　ASCII 码字符集

十进制值	十六进制值	字符	十进制值	十六进制值	字符	十进制值	十六进制值	字符	十进制值	十六进制值	字符
0	00	NUL	32	20	SP	64	40	@	96	60	`
1	01	SOH	33	21	!	65	41	A	97	61	a
2	02	STX	34	22	"	66	42	B	98	62	b
3	03	ETX	35	23	#	67	43	C	99	63	c
4	04	EOT	36	24	$	68	44	D	100	64	d
5	05	ENQ	37	25	%	69	45	E	101	65	e
6	06	ACK	38	26	&	70	46	F	102	66	f
7	07	BEL	39	27	´	71	47	G	103	67	g
8	08	BS	40	28	(	72	48	H	104	68	h
9	09	HT	41	29	)	73	49	I	105	69	i
10	0A	LF	42	2A	*	74	4A	J	106	6A	j
11	0B	VT	43	2B	+	75	4B	K	107	6B	k
12	0C	FF	44	2C	,	76	4C	L	108	6C	l
13	0D	CR	45	2D	−	77	4D	M	109	6D	m
14	0E	SO	46	2E	.	78	4E	N	110	6E	n
15	0F	SI	47	2F	/	79	4F	O	111	6F	o
16	10	DLE	48	30	0	80	50	P	112	70	p
17	11	DC1	49	31	1	81	51	Q	113	71	q
18	12	DC2	50	32	2	82	52	R	114	72	r
19	13	DC3	51	33	3	83	53	S	115	73	s
20	14	DC4	52	34	4	84	54	T	116	74	t
21	15	NAK	53	35	5	85	55	U	117	75	u
22	16	SYN	54	36	6	86	56	V	118	76	v
23	17	ETB	55	37	7	87	57	W	119	77	w
24	18	CAN	56	38	8	88	58	X	120	78	x
25	19	EM	57	39	9	89	59	Y	121	79	y
26	1A	SUB	58	3A	:	90	5A	Z	122	7A	z
27	1B	ESC	59	3B	;	91	5B	〔	123	7B	{
28	1C	FS	60	3C	<	92	5C	\	124	7C	|
29	1D	GS	61	3D	=	93	5D	〕	125	7D	}
30	1E	RS	62	3E	>	94	5E	ˆ	126	7E	~
31	1F	US	63	3F	?	95	5F	_	127	7F	DEL

字母和数字的 ASCII 码的记忆是非常简单的。我们只要记住了一个字母或数字的

ASCII 码(例如记住 A 的 ASCII 码为 65,0 的 ASCII 码为 48),知道相应的大小写字母之间差 32,就可以推算出其余字母、数字的 ASCII 码。虽然标准 ASCII 码是 7 位编码,但由于计算机基本处理单位为字节(1Byte = 8bit),所以一般仍以一个字节来存放一个 ASCII 字符。每一个字节中多余出来的一位(最高位)在计算机内部通常保持为 0 (在数据传输时可用作奇偶校验位)。由于标准 ASCII 字符集字符数目有限,在实际应用中往往无法满足要求。为此,国际标准化组织又制定了 ISO2022 标准,它规定了在保持与 ISO646 兼容的前提下将 ASCII 字符集扩充为 8 位代码的统一方法。ISO 陆续制定了一批适用于不同地区的扩充 ASCII 字符集,每种扩充 ASCII 字符集分别可以扩充 128 个字符,这些扩充字符的编码均为高位为 1 的 8 位代码(即十进制数 128～255),称为扩展 ASCII 码。

1.2.4.2　GB2312

GB2312 也是 ANSI 编码里的一种,对 ANSI 编码最初始的 ASCII 编码进行扩充,为了满足国内在计算机中使用汉字的需要,中国国家标准总局发布了一系列的汉字字符集国家标准编码,统称为 GB 码,或国标码。其中最有影响的是于 1980 年发布的《信息交换用汉字编码字符集——基本集》,标准号为 GB2312—1980,因其使用非常普遍,也常被通称为国标码。GB2312 编码通行于我国内地;新加坡等地也采用此编码。几乎所有的中文系统和国际化的软件都支持 GB2312。

GB2312 是一个简体中文字符集,由 6763 个常用汉字和 682 个全角的非汉字字符组成。其中汉字根据使用的频率分为两级。一级汉字 3755 个,二级汉字 3008 个。由于字符数量比较大,GB2312 采用了二维矩阵编码法对所有字符进行编码。首先构造一个 94 行 94 列的方阵,对每一行称为一个“区”,每一列称为一个“位”,然后将所有字符依照规律填写到方阵中。这样所有的字符在方阵中都有一个唯一的位置,这个位置可以用区号、位号合成表示,称为字符的区位码。如第一个汉字“啊”出现在第 16 区的第 1 位上,其区位码为 1601。因为区位码同字符的位置是完全对应的,因此区位码同字符之间也是一一对应的。这样所有的字符都可通过其区位码转换为数字编码信息。

1.2.4.3　GBK

GBK 即汉字内码扩展规范,K 为扩展的汉语拼音中“扩”字的声母。英文全称 Chinese Internal Code Specification。GBK 编码标准兼容 GB2312,共收录汉字 21003 个、符号 883 个,并提供 1894 个造字码位,简、繁体字融于一库。GB2312 码是中华人民共和国国家汉字信息交换用编码,全称《信息交换用汉字编码字符集——基本集》,1980 年由国家标准总局发布。基本集共收入汉字 6763 个和非汉字图形字符 682 个,通行于中国大陆。新加坡等地也使用此编码。GBK 是对 GB 2312-80 的扩展,也就是 CP936 字码表 (Code Page 936) 的扩展(之前 CP936 和 GB 2312—1980 一模一样)。

GBK 码对字库中偏移量的计算公式为:

[(GBKH-0x81) * 0xBE+(GBKL-0x41)] * (汉字离散后每个汉字点阵所占用的字节)

字符集的编码方式如下:

字符有一字节和双字节编码,00～7F 范围内是一位,和 ASCII 保持一致,此范围内严格上说有 96 个字符和 32 个控制符号。之后的双字节中,前一字节是双字节的第一位。总体上说第一字节的范围是 81～FE(也就是不含 80 和 FF),第二字节的一部分领域在 40～7E,其他领域在 80～FE。

1.2.4.4　Big5

在我国台湾、香港与澳门地区,使用的是繁体中文字符集。而 1980 年发布的 GB2312 面向简体中文字符集,并不支持繁体汉字。在这些使用繁体中文字符集的地区,一度出现过很多不同厂商提出的字符集编码,这些编码彼此互不兼容,造成了信息交流的困难。为统一繁体字符集编码,1984 年,台湾地区五大厂商宏基、神通、佳佳、零壹以及大众一同制定了一种繁体中文编码方案,因其来源被称为五大码,英文写作 Big5,后来按英文翻译回汉字后,普遍被称为大五码。大五码是一种繁体中文汉字字符集,其中繁体汉字 13053 个,808 个标点符号、希腊字母及特殊符号。大五码的编码码表直接针对存储而设计,每个字符统一使用两个字节存储表示。第 1 字节范围是 81H～FEH,避免了同 ASCII 码的冲突,第 2 字节范围是 40H～7EH 和 A1H～FEH。因为 Big5 的字符编码范围同 GB2312 字符的存储码范围存在冲突,所以在同一正文不能对两种字符集的字符同时支持。

Big5 编码的分布如表 1-4 所示,Big5 字符主要部分集中在三个段内:标点符号、希腊字母及特殊符号;常用汉字;非常用汉字。其余部分保留给其他厂商支持。

表 1-4　Big5 字符编码分布表

编码范围	符号类别
8140H～A0FEH	保留(用作造字区)
A140H～A3BFH	标点符号、希腊字母及特殊符号
A3C0H～A3FEH	保留(未开放用于造字区)
A440H～C67EH	常用汉字(先按笔画,再按部首排序)
C6A1H～C8FEH	保留(用作造字区)
C940H～F9D5H	非常用汉字(先按笔画,再按部首排序)
F9D6H～FEFEH	保留(用作造字区)

Big5 编码推出后,得到了繁体中文软件厂商的广泛支持,在使用繁体汉字的地区迅速普及使用。目前,Big5 编码在台湾、香港、澳门地区居民及海外华人中普遍使用,成了繁体中文编码的事实标准。在互联网中检索繁体中文网站,所打开的网页中,大多都是通过 Big5 编码产生的文档。

总　结

....

....

....

....

....

....

....

....

....

....

单元 2　Windows 10 操作系统及其应用

本单元共分两个任务(任务 1 管理你的文件、任务 2 定制个性化工作环境),通过学习使读者能够达到以下目标。

1)知识目标

(1)了解计算机操作系统的概念及发展历史;

(2)掌握 Windows 窗口的基本操作;

(3)掌握常用的文件与文件夹的操作命令;

(4)掌握 Windows 10 系统设置的功能。

2)能力目标

(1)能够对文件夹及文件进行管理;

(2)能够使用 Windows 系统设置功能,定制个性化工作环境。

3)素质目标

(1)养成良好的工作习惯;

(2)学会有序整理事物的方法和思维。

任务 2.1　管理你的文件

学习目标:

1.了解 Windows 操作系统的概念及发展历史;

2.了解桌面和窗口的组成;

3.理解文件与文件夹的相关概念;

4.掌握 Windows 窗口的基本操作;

5.掌握常用的文件与文件夹的操作命令;

6.能够使用"资源管理器"对文件及文件夹进行管理。

思政小讲堂:

在学习的过程中,学习资料的收集和整理是必不可少的,管理好自己的资料对于以后的学习工作也是至关重要的,所以从现在开始就需要养成良好的工作习惯。

视频资源:

管理你的文件

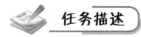

任务描述

现在计算机已经和我们的生活密不可分,是我们工作和学习的工具,因此,熟练使用计算机非常重要。要想学好计算机,首先要学好操作系统这一管理平台的相关操作。随着计算机应用范围的不断扩大,计算机中的数据量也越来越大。面对如此庞大的文件数量,怎样才能有条不紊地管理好自己的文件呢? 本任务将解决相关问题。

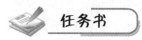

任务书

新生入学后,要学习"高等数学""大学英语""计算机应用基础""入学教育"等课程,现需要保存各课程的学习资料,比如课程大纲、课程课件、实训任务等。要求按学生姓名创建文件夹,并在此文件夹里按科目名称再创建文件夹,存放各科目的资料。请按要求完成文件及文件夹的创建、修改、查找和删除。

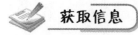

获取信息

引导问题 1:以下哪个不是操作系统(　　　)。

A. Linux　　　　　　　B. Windows 10　　　　　C. Office 2019　　　　　D. ios

引导问题 2:自主学习 Windows 发展历史。

引导问题 3:认识桌面上的图标,如图 2-1 所示。

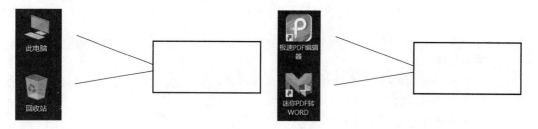

图 2-1　桌面上的图标

引导问题 4:认识桌面上任务栏的组成,如图 2-2 所示。

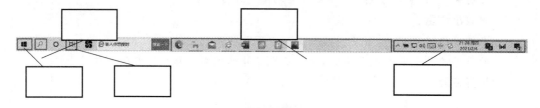

图 2-2　任务栏

引导问题 5:认识窗口的组成,如图 2-3 所示。

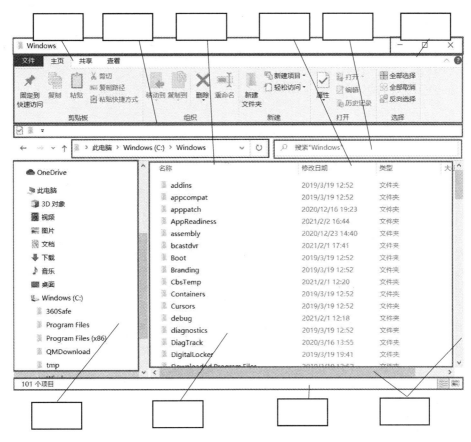

图 2-3　Windows 窗口

引导问题 6：完成下列有关文件和文件夹的填空题。

（1）文件就是_____，由_____和_____组成，之间用_____分隔。

（2）扩展名为 exe 文件是_____文件，扩展名为 doc 或 docx 是_____文档，扩展名为 jpg 是_____文件。

（3）一个文件路径为 c：\jsj\kc\lianxi.txt，其中 kc 是一个_____，lianxi.txt 在硬盘中的存放位置为_____。

（4）文件名_____（区分/不区分）大小写，同一个文件夹下，_____（可以/不可以）有两个相同名称的文件。

（5）文件 xt.txt 的扩展名是_____，该文件是_____文件。

引导问题 7：按任务要求，在下框中画出文件夹层次图，并写出每个文件夹的绝对路径。

 **任务实施**

1.按层次图创建文件夹

引导问题8:创建文件夹的方法有哪些?

....

....

....

2.新建文件

(1)在"入学教育"文件夹中,新建一个文本文档,并命名为"入学教育.txt";

(2)在"计算机应用基础"文件夹中,新建一个名为"学习规划.bmp"的文件。

引导问题9:如何使用快捷菜单新建文件?

....

....

....

引导问题10:如果看不到文件的扩展名,该如何将它显示出来。

....

....

....

3.重命名文件夹和文件

(1)将"计算机组装与维护"文件夹重命名为"毛泽东诗词";

(2)将"计算机应用基础"文件夹中的"学习规划.bmp"文件重命名为"计算机应用基础学习计划图.bmp"。

引导问题11:如何使用鼠标操作更改文件夹/文件的名称?

....

....

4.将"计算机应用基础"文件夹复制到U盘,删除电脑里的"计算机应用基础"文件夹。

引导问题12:

(1)复制文件或文件夹需要哪几步?

....

(2)在Windows中,若要一次选择不连续的几个文件或文件夹,正确的操作是＿＿＿＿＿＿＿＿

＿＿＿＿＿＿＿＿＿＿＿＿＿＿＿＿＿。

(3)选择好文件后,按＿＿＿＿＿＿键,可以对文件进行复制。

(4)删除文件或文件夹时,按Delete键和按Shift＋Delete键有什么不同。

....

....

5.打开C:盘,搜索扩展名为txt的文件。

引导问题13:搜索＊.txt和txt有什么不同,＊表示什么?

....

....

 评价考核

项目名称	评价内容	评价分数		
		自我评价	互相评价	教师评价
职业素养考核项目	劳动纪律			
	课堂表现			
	合作交流			
专业能力考核项目	学习准备			
	引导问题填写			
	完成质量			
	是否按时完成			
	规范操作			
综合等级	教师签名			

注：评价等级分为 A(优秀)、B(良好)、C(合格)、D(努力)4 个。

 任务相关知识点

2.1.1　Windows 操作系统简介

2.1.1.1　操作系统简介

操作系统是管理计算机软硬件资源，控制其他程序运行并为用户提供交互操作界面的系统软件的集合。我们之所以能够简单、灵活、方便地使用计算机，就是因为操作系统强大的管理功能，以及给用户提供的良好的工作环境。目前流行的、用于移动设备或电脑的现代操作系统主要有 Android、ios、Linux、Mac OS X、Windows、Windows Phone。

2.1.1.2　Windows 操作系统发展历史

Microsoft Windows 操作系统是微软公司推出的一系列操作系统。Microsoft 公司从 1983 年开始研制 Windows 系统，1985 年第一个具有图形用户界面的系统软件问世了。但直到 1990 年推出了 Windows 3.0，因为在界面、人性化、内存管理多方面的巨大改进才引起人们的关注。

Windows 95 是 1995 年 8 月推出的混合的 16 位/32 位 Windows 操作系统，1998 年 6 月，推出了在 Windows 95 基础上编写的新系统 Windows 98，Windows 98 改进了用户界面，以 Internet 技术统一并简化桌面，使用户能够更快捷简易地查找及浏览存储在个人电脑及网上的信息，并支持长文件名，具有即插即用功能。

Windows 2000 于 1999 年 12 月 19 日推出的 32 位图形商业性质的操作系统，有四个版本：Professional、Server、Advanced Server 和 Datacenter Server 版。具有新的 NTFS 文件系统，允许对磁盘上的所有文件进行加密。

Windows XP 是微软公司于 2001 年 8 月发布的一款视窗操作系统，有两个版本：Home 和 Professional 版，简化了 Windows 2000 的用户安全特性，并整合了防火墙，用户使用率非常高。

Windows Server 2003 于 2003 年 4 月上市，是目前微软推出的使用最广泛的服务器操作系统。2006 年 11 月发布了 Windows Vista，它有效地修复了 Windows XP 到 Windows 2000 版本的 bug，是 2009 年至 2015 年最安全的 Windows 操作系统。2008 年推出了服务器操作系统 Windows Server 2008。

2009 年底，Windows 7 上市。它是 Windows Vista 的改良版。Windows 7 简化了许多设计，因用户个性化、强大的搜索以及系统故障快速修复等功能，使得 Windows 7 成为最易用的 Windows 操作系统。

2012 年 10 月微软推出了 Windows 8，它是继 Windows 7 之后的具有革命性变化的操作系统。该系统具有独特的开始界面和触控式交互系统，为人们提供了高效易行的工作环境。

2015 年 7 月，Microsoft 正式发布了 Windows 10，这是目前最新版本。Windows 10 新增了语音搜索助手、虚拟桌面等新功能，界面更美观，使用起来更灵活方便。

2.1.1.3　启动和退出 Windows 10

（1）启动 Windows

计算机加电（按了电源按钮）后先进行硬件自检，自检完毕后，再由引导加载程序读取系统内核文件，开始执行操作系统的功能，进行用户登录，如果只有一个没有设置密码的用户，则直接进入 Windows 系统，启动完毕；如果有一个设置密码的用户，需要输入密码，密码正确才能进入 Windows 系统；如果有两个或以上用户，需要选择一个用户登录。

（2）退出 Windows

当用户不再使用计算机了，为了数据不丢失，对硬件不造成伤害，就需要正确地进行关机。

方法一：单击开始菜单 ⊞ ，在开始菜单中单击电源按钮 ⏻ 。

方法二：右击开始按钮 ⊞ ，在弹出菜单中单击"关机或注销"菜单项中的"关机"命令。

2.1.2　Windows 10 的桌面和窗口

2.1.2.1　Windows 10 桌面

电脑开机，Windows 启动成功后，展示在眼前的整个屏幕就是桌面。桌面上的元素有图标、桌面墙纸和任务栏，如图 2-4 所示。

（1）图标

图标有系统图标和应用程序快捷方式图标，方便用户使用。系统图标是 Windows 操作系统安装后自动出现的图标，比如"此电脑"、"回收站"；应用程序快捷方式是 Windows 提供的一种快速启动程序的方法，实质上就是应用程序的快速链接。快捷方式图标的左下角有一个非常小的箭头，一般安装软件成功之后，都会在桌面上创建快捷方式，用户也可以根据自己的需要，在桌面上删除或添加应用程序快捷方式。

！提示：桌面上还可以放置经常使用的文档或文件夹，但不建议在桌面上放置过多的文件夹或文件，会造成桌面凌乱，不便于查找。

图 2-4　Windows 10 桌面

（2）任务栏

任务栏由开始菜单、搜索按钮、任务视图、应用程序区、通知区域等组成，一般位于屏幕底部。

• 开始菜单 ▦ ：包含安装好的应用程序列表和磁贴（Tile）。

• 搜索按钮 🔍 ：用来搜索电脑中的文档、应用程序，也可搜索网络上的相关内容。

• 任务视图 ▦ ：是 Windows 10 系统中新增的一项功能，能够同时以缩略图的形式，全部展示当前电脑中打开的软件、浏览器、文件等任务界面，方便用户快速进入指定应用或者关闭某个应用。

！提示：Windows 10 增加了新功能——虚拟桌面，虚拟桌面就是一个独立的工作空间，如果用户要开启多个任务，并且在使用这些任务时不受到干扰，就可增加虚拟桌面。单击"任务视图"按钮，或按 Windows＋Tab 组合键，单击"＋新建桌面"，可以增加虚拟桌面。

• 应用程序区：固定在任务栏的应用程序和正在运行的应用程序都显示在这个区域。

• 通知区域：显示时钟、输入指示、网络、音量图标和操作中心图标等。

• 输入指示：显示中英文指示 英 和输入法指示 拼 。单击中英文指示或按 Ctrl＋空格组合键将切换中英文输入模式。单击语言图标或按 Ctrl＋Shift 组合键可以切换输入法。如果要删除不用的输入法，单击"输入法图标"→"语言首选项"→"A 字 中文（简体，中国）"→"选项"，选择键盘下方要删除的输入法，单击"删除"按钮，此输入法就删除了，如图 2-5 所示。如果要恢复已删除的输入法，单击"＋添加键盘"按钮，在展开的列表中选择已删除的输入法。

2.1.2.2　Windows 窗口

（1）窗口的组成

窗口是一个矩形框，是应用程序运行的一个界面，用户通过此界面和应用程序打交道。窗口一般由功能区、工具栏、状态栏、窗口边框、滚动条和工作区组成。下面我们来看看"文件资源管理器"窗口的组成。

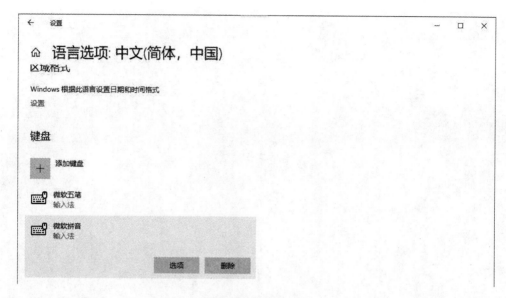

图 2-5　删除输入法

双击"此电脑"或右击"开始"→"文件资源管理器"，打开窗口，如图 2-6 所示。

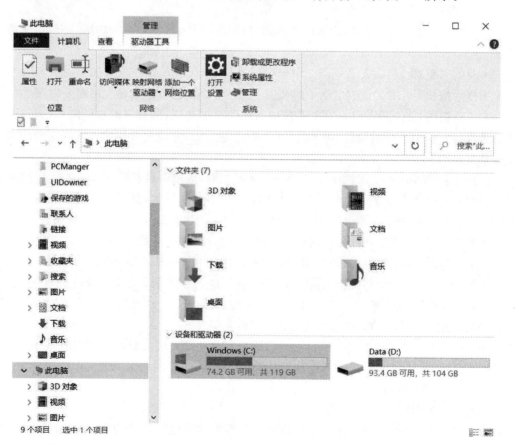

图 2-6　"文件资源管理器"窗口

　　Windows 10"文件资源管理器"的窗口由标题栏、功能区、快速访问栏、箭头按钮、地址栏、搜索框、导航窗格、文件窗格、滚动条和状态栏等所组成。

　　• 标题栏：位于窗口最顶部，显示当前对象的图标和名称。

　　• 功能区：包括选项卡和命令集。选项卡包括"文件"、"计算机"、"查看"等，单击选项卡即可显示相应的命令集。命令集类似于 Windows 7 的工具栏，它以按钮的形式给出了用户最经常使用的一些命令，比如重命名等。

　　• 快速访问栏：提供了快速操作的按钮，单击小三角自定义快速访问工具栏按钮，可以增加或减少快速访问按钮，还可以设置快速访问栏的显示位置。

　　• 箭头按钮：包括后退、前进、最近浏览和向上按钮，可以快速转到前一个、后一个或最近的操作。

　　• 地址栏：显示了当前访问位置的完整路径，并且路径中的每个文件夹节点都为一个按钮，单击节点按钮，可跳转到对应的文件夹。也可以在地址栏内输入位置，按回车后可跳转到对应的位置。

　　• 搜索框：在搜索框内输入关键字后，可以在当前位置内搜索出包含关键字的所有文件夹和文件，并显示在文件窗格中。

　　• 导航窗格：以树形结构的方式列出了常见的位置，按 ❯ 和 ❤ 可以展开或折叠每个节点中的子节点。单击窗格中的节点，就可以跳转到对应的位置。

　　• 文件窗格：窗格内列出了当前位置包含的所有文件夹和文件，可以通过查看选项卡或弹出菜单中的查看菜单更改显示视图。

　　• 状态栏：位于窗口底部，显示当前位置中包含的项目总数、所选项目数量和大小。右侧是视图按钮，第一个视图按钮是列表详细显示窗口内容，第二个是缩略图显示内容。

　　• 滚动条：如果窗口中显示的内容过多，当前可见的部分不够显示时，窗口就会出现滚动条，分为水平与垂直两种。

　　• 窗口缩放按钮：即最大化、最小化、关闭按钮。

　　(2)窗口的基本操作

　　①打开和关闭窗口

　　双击桌面上的图标，双击或单击文件资源管理器或菜单中的相应命令、文件夹或文件，都可以打开该对象对应的窗口。

　　关闭窗口退出对应的应用程序，方法有以下几种：

　　• 单击窗口右上方的关闭按钮✕；

　　• 按 Alt＋F4 组合键；

　　• 按 Ctrl＋W 组合键；

　　• 在任务栏上右击一个或一组项目，可关闭一个或相同应用程序的一组项目；

　　• 单击"文件"菜单，选择"关闭"命令。

　　②改变窗口大小

　　使用窗口按钮：单击窗口最小化按钮 ▔，可以将窗口尺寸调整至最小，单击任务栏上对应图标将还原至原尺寸；单击最大化 ▢ 按钮，可以将窗口铺满整个桌面，再单击还原按钮 ❐ 即可还原到原来尺寸。

　　双击标题栏可在最大化窗口和原窗口之间切换；按 Win 键＋↑组合键可将窗口最大

化,按 Win 键＋↓组合键可将最大化窗口还原,或将还原的窗口最小化;通过 Aero 晃动,在目标窗口标题栏上按住鼠标不放,然后迅速左右晃动几下,即可将其他窗口最小化,再晃动鼠标几下,可将其他窗口还原成原来状态。

将鼠标指针移到窗口的 4 个角,待鼠标指针变成双向箭头形状时,按下鼠标左键不放并拖动,可同时调整窗口的宽度和高度;将鼠标指针移到窗口的 4 条边上,待鼠标指针变成双向箭头形状时,按下鼠标左键不放并拖动,可调整窗口的宽度或高度。

如图 2-7 所示,右击标题栏,在弹出的菜单中选择最大化、最小化、还原命令可对窗口进行最大化、最小化或还原窗口尺寸操作;选择大小命令,当鼠标指针变成四向箭头时,按 Ctrl 键＋↑、↓、←、→键可以调整窗口的宽度或高度;单击窗口标题栏并按住鼠标不放,可将窗口拖至屏幕最上方。当鼠标移到屏幕上边缘时,窗口将会自动最大化。

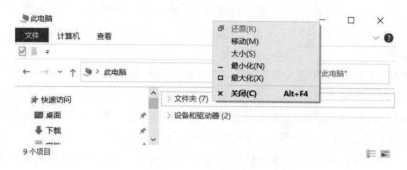

图 2-7　快捷菜单

③移动窗口

将鼠标指针移到窗口标题栏的空白处,按住鼠标左键并拖动,到合适位置后释放鼠标左键即可。

右击标题栏,在弹出的菜单中选择移动命令,当鼠标指针变成四向箭头时,按 Ctrl 键＋↑、↓、←、→键可以将窗口向上、向下、向左或向右移动。

④排列窗口

打开的窗口多了,为了方便对多窗口操作,可以对窗口进行排列。Windows 10 提供了层叠、堆叠和并排三种窗口排列方式。右击任务栏,在弹出菜单中选择层叠窗口、堆叠显示窗口、并排显示窗口,可以将非最小化的窗口层叠、堆叠和并排显示。

也可使用 Aero 窗口吸附功能排列窗口。单击窗口标题栏并按住鼠标不放,将窗口拖至屏幕左方或右方,当鼠标移到屏幕左或右边缘时,窗口将占据屏幕一半的面积。同时在另一半屏幕会显示其他已打开的窗口,单击其中一个就可以让这个窗口占据另一半屏幕位置。

2.1.3　文件与文件夹

2.1.3.1　基本概念

(1)盘符

盘符是 Windows 操作系统对于磁盘存储设备的标识符,一般由 26 个英文字符加上一个冒号:所组成。早期的 PC 机都有两个软盘驱动器,A:和 B:表示这两个软驱,硬盘设备就从 C:开始,例如,一块硬盘被划分为两个空间,即两个分区,那么这两个分区分别就用 C:和 D:盘符来标识。

（2）文件

文件就是存储在介质上的信息的集合，由文件主名和扩展名组成，中间用"．"分隔。文件主名由用户命名，为了便于以后查找使用，名称应尽量有意义；扩展名为文件的类型，根据类型确定用哪个软件来打开该文件，但扩展名不是必需的，没有扩展名的文件需要用户选择程序去打开它。这里要注意，如果给定的扩展名在目前系统中没有关联的软件，需要下载安装相关软件，或选择系统中已安装的软件。在 Windows 中，每个文件都有一个图标，可以通过图标来识别文件的类型。

例如：⬛ windows10.docx，这个文件的文件主名为 windows 10，扩展名为 docx，图标是 Word 文档的图标，当要打开此文件时，会自动执行 Word 应用程序。

常见的文件扩展名如表 2-1 所示。

表 2-1　常见的文件扩展名

扩展名	类型说明	扩展名	类型说明
exe	可执行文件	doc 或 docx	Word 文档
txt	文本文件	pdf	便携式文档
jpg	图形文件	xls 或 xlsx	Excel 电子表格
bmp	位图文件	ppt 或 pptx	PowerPoint 演示文稿
htm 或 html	网页文件	rar	压缩文件

（3）文件夹

文件夹是存储文件及文件夹的逻辑空间。一个文件夹里面可以包含任意多个文件夹或文件，呈树状结构，包含在内的文件夹叫子文件夹，所有的子文件夹名称不能相同。同样，一个文件夹里也不能有两个名称完全相同的文件。

（4）命名规则

文件夹、文件名的命名规则如下：

允许文件或者文件夹名称不得超过 255 个字符；

名称中不能包含"\"、"/"、"："、"＊"、"？"、""""、"＜"、"＞"、"|"等字符。

文件名不区分大小写，但在显示时可以保留大小写格式。

（5）路径

要保存或使用一个文件，就必须确定这个文件要保存到哪个位置，或从哪里能找到我们需要的文件，表示位置的方式就称为路径，可以使用绝对路径或相对路径来描述文件存放的位置。

绝对路径是文件存放的绝对位置，即所在盘的根开始直到文件的一条路径，形如：盘符：\文件夹 1\文件夹 2…\文件名.扩展名。

相对路径是从当前文件夹位置开始，抵达文件的一条路径。使用"．"、".."或其下第一层子文件夹名开头。其中"．"表示当前文件夹，".."表示上级（父）文件夹。

例如，图 2-8 窗口导航窗格中可以看到 myfile 有两个子文件夹 d1 和 d2，在文件窗格中可以看到 d1 文件夹里有个 file1.txt 文件。file1.txt 的绝对路径就是 D:\myfile\d1\file1.txt。在窗口的地址栏里显示的就是当前文件夹位置。如果使用相对路径，file1.txt 在当前路径 D:\myfile\d1 里，所以相对位置为.\file1.txt。如果 d2 文件夹里存放了 file2.txt 文件，使用相对路径..\d2\file2.txt 可访问到 file2.txt 文件。

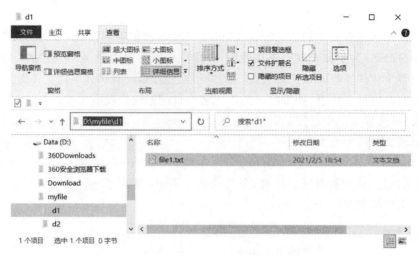

图 2-8　查看文件路径

2.1.3.2　文件与文件夹的操作

（1）新建文件与文件夹

①使用快捷菜单创建文件夹/文件

右击桌面或在 Windows 窗口选定位置后，右击文件窗格的空白区域，从弹出的快捷菜单中选择"新建"，再在子菜单中根据需要选择要创建的文件夹或某类型文件，如图 2-9 所

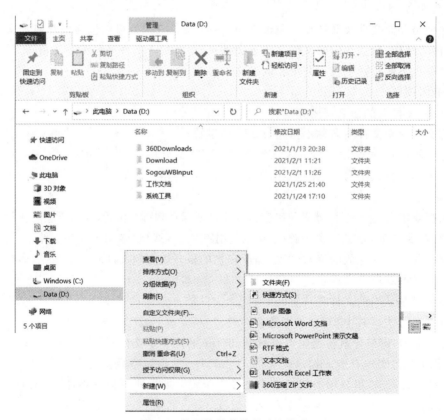

图 2-9　使用快捷菜单创建文件夹

示。然后输入文件夹或文件的名称,单击旁边的空白区域,文件夹/文件就创建成功了。如果发现创建好的文件没有扩展名,先查看扩展名是不是被隐藏起来了。切换到"查看"选项卡,在"显示/隐藏"组中查看"文件扩展名"有没有被选中。如果没被选中,说明文件扩展名被隐藏了,勾选此项,文件的扩展名就可以显示出来了,如图 2-10 所示。

图 2-10　显示/隐藏文件扩展名

②使用工具栏创建文件夹

双击"此电脑",或右击"开始"按钮选择"文件资源管理器",打开文件管理窗口,在左边导航窗格中选定要创建文件夹的位置,切换到"主页"选项卡,在"新建"组中单击"新建文件夹"按钮,输入文件名,单击旁边空白区域,文件夹创建成功。

注意:新建文件夹和文件时,不是必须要输入名称,可以使用系统自动给定的名称。

(2)选定文件与文件夹

如果要复制、删除或移动文件(文件夹),首先得选定。可以对单个文件或文件夹操作,也可以同时对多个文件或文件夹进行操作。

①选定单个文件或文件夹:单击该文件或文件夹。

②选定多个连续的文件或文件夹:单击选定一个文件或文件夹,按住 Shift 键不放,用鼠标单击最后一个要选定的文件或文件夹。也可以按住鼠标左键不放,拖动出一个矩形区域,区域内的所有文件和文件夹将会被选定。

③选定多个不连续的文件或文件夹:按住 Ctrl 键不放,用鼠标单击要选择的文件或文件夹。再单击已选定的文件或文件夹就可以取消这个文件或文件夹的选择。

④选定所有的文件或文件夹:在窗口工具栏中单击"全部选择"按钮,或按 Ctrl+A 键。

在选择文件或文件夹时,使用工具栏中的"反向选择"按钮,有时会提高我们的选择速度。

(3)修改文件或文件夹名称

选定文件或文件夹后,使用以下的方法可以对文件或文件夹的名称进行修改。

方法一:右击选定的文件或文件夹,在弹出的快捷菜单中选择"重命名"命令;

方法二:在文件窗口中,选择"主页"选项卡,在"组织"组中单击"重命名"按钮;

方法三:单击两次文件或文件名的名称。

(4)复制文件或文件夹

选定文件或文件夹后,复制文件或文件夹是在其他位置,比如其他硬盘分区、可移动存储设备上对文件做备份。复制的步骤为:选定文件或文件夹→复制操作→粘贴。其中复制文件或文件夹有以下操作方法。

方法一:右击选定的文件或文件夹,在弹出的快捷菜单中选择"复制"命令。

方法二:在文件窗口中选定"主页"选项卡,单击"剪贴板"组中的"复制"按钮;

方法三:按 Ctrl+C 组合键。

粘贴是将复制的文件或文件夹备份到目标位置上。先跳转到目标位置,然后再按以下方法进行操作。

方法一:右击目标文件窗口中文件窗格的空白区域,弹出快捷菜单,在菜单中选择"粘贴"命令;

方法二:在文件窗口中,选定"主页"选项卡,单击"剪贴板"组中的"粘贴"按钮;

方法三:按 Ctrl+V 组合键。

还可以在文件窗口"主页"选项卡中,单击"组织"组中的"复制到"下拉按钮,在下拉列表中选择给定的目标位置,也可以选择列表中的"选择位置",如图 2-11 所示,打开"复制项目"对话框,在对话框中指定目标位置,单击"复制"按钮,完成复制和粘贴,如图 2-12 所示。

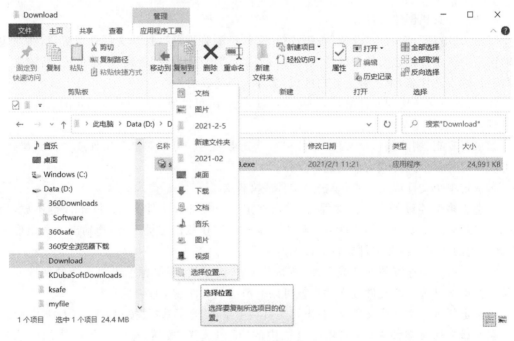

图 2-11　复制文件

如果目标位置上已经存在同名的文件,系统会自动弹出对话框,如图 2-13 所示,可以通过两个文件信息的比较,选择是用这次复制的文件替换目标中的文件,还是跳过该文件保留原来的同名文件。

(5)移动文件或文件夹

移动文件或文件夹指的是将现位置上的文件或文件夹移动到其他位置。移动的步骤为:选定文件或文件夹→移动操作→粘贴。其中移动文件或文件夹有以下操作方法。

图 2-12　复制项目　　　　　　　　图 2-13　重名提示

方法一：右击选定的文件或文件夹，在弹出的快捷菜单中选择"剪切"命令；

方法二：在文件窗口中选定"主页"选项卡，单击"剪贴板"组中的"剪切"按钮；

方法三：按 Ctrl＋X 组合键。

还可以在文件窗口"主页"选项卡中，单击"组织"组的"移动到"下拉按钮，选择下拉列表中给定的目标位置，也可以选择列表中的"选择位置…"按钮，打开"复制项目"对话框，在对话框中指定目标位置，单击"移动"按钮，完成剪切和粘贴操作。

（6）删除文件或文件夹

删除分为逻辑删除和物理删除，逻辑删除没有真正把文件或文件夹删除了，只是存放在回收站中，如果需要使用还可以将其还原到原来的位置上。物理删除是真正从磁盘中删除了，释放了磁盘的空间。

①逻辑删除的操作

方法一：选定文件后，按 Del 键；

方法二：在文件窗口中选定"主页"选项卡，单击"组织"组中"删除"按钮，在下拉项里选择"回收"命令；

方法三：选定文件后，右击鼠标弹出快捷菜单，单击菜单中的"删除"命令；

方法四：用鼠标拖动选中的文件或文件夹到回收站中。

②物理删除的操作：

方法一：选定文件后，按 Shift＋Delete 组合键；

方法二：在文件窗口中选定"主页"选项卡，单击"组织"组中"删除"按钮，在下拉项里选择"永久删除"命令。

③回收站的清空与还原

回收站中有删除的文件时，右击回收站，选择"清空回收站"命令。也可以双击回收站打开窗口，在"回收站工具"选项卡管理组中单击"清空回收站"按钮。这样就实现了物理删除文件或文件夹。

在"回收站工具"选项卡"还原"组中单击"还原所有项目"或"还原选定的项目"按钮，就可以将逻辑删除的文件或文件夹还原到原来的位置上。如图 2-14 所示。

图 2-14　回收站管理

（7）文件和文件夹快捷方式的建立

所谓快捷方式，实际上是指向原对象的一个指针，方便快速访问原对象文件（夹）。创建它有两种方法：

①在桌面或目标文件夹中单击右键→快捷方式，在创建快捷方式对话框中单击"浏览"找到要创建的对象，单击"下一步"，输入快捷方式的名称，单击"完成"，如图 2-15 所示。

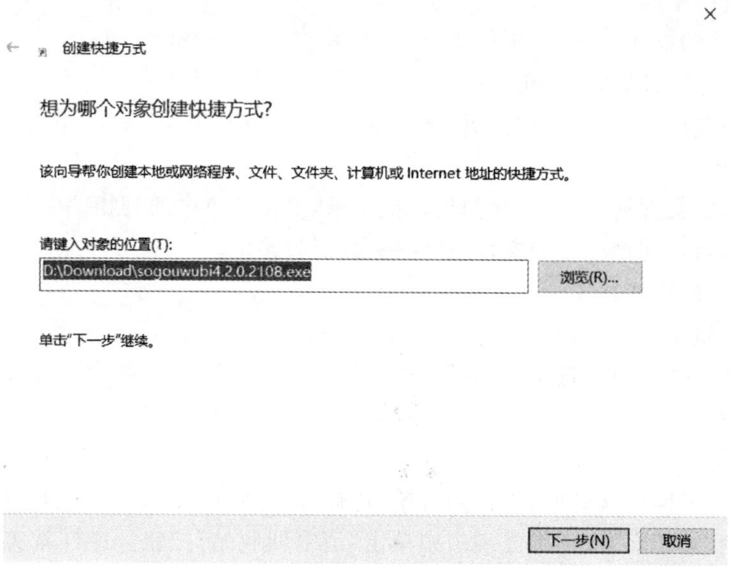

← 创建快捷方式

想为哪个对象创建快捷方式？

该向导帮你创建本地或网络程序、文件、文件夹、计算机或 Internet 地址的快捷方式。

请键入对象的位置(T)：

D:\Download\sogouwubi4.2.0.2108.exe　　　　浏览(R)...

单击"下一步"继续。

下一步(N)　　取消

图 2-15　创建快捷方式

②搜索源文件→右击原对象→发送到→桌面快捷方式。

(8)搜索文件夹与文件

①使用 Windows 10"此电脑"或"文件资源管理器"搜索

在导航窗格中选定搜索位置,在搜索框中输入关键字,按回车键或搜索框右边的 → 按钮开始搜索,待系统检索完成后,会在文件窗格中以高亮形式显示与检索关键词匹配的记录,让用户更容易查看检索结果。例如,在搜索框中输入 exe,这时将会把此电脑中包含 exe 的所有文件(夹)显示在文件窗格中,如图 2-16 所示。

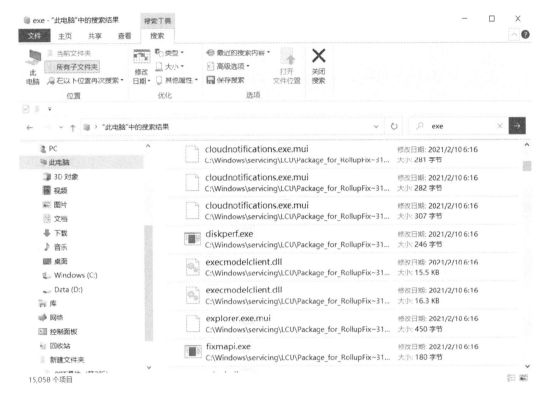

图 2-16　搜索文件/文件夹

除了给定关键字以外,用户还可以使用通配符("＊"或"?")来完成检索。其中"＊"代表任意数量的任意字符;"?"代表某一位置上的一个数字或字母。例如在搜索框中输入 ＊.exe,这时只会检索出扩展名为 exe 的所有文件。

②使用搜索命令

右击开始菜单,在弹出菜单中选择搜索命令,或单击任务栏上的"搜索"按钮,在搜索框中输入关键字,可以在电脑中搜索相匹配的文档、应用程序,或是在网络上搜索相关内容。例如,想使用画图工具,在搜索框中输入画图,这样画图应用程序就查找出来了,我们可单击运行。如图 2-17 所示。

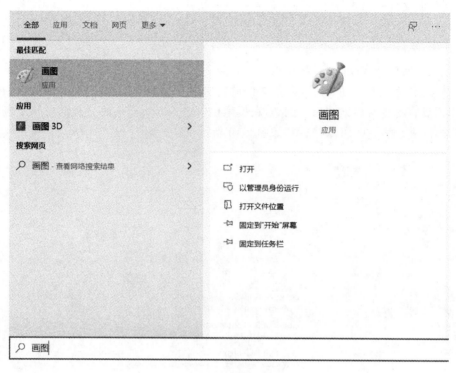

图 2-17　搜索应用程序

总　结

任务 2.2　定制个性化工作环境

学习目标:

1.了解 Windows 10 的帐户及类型;

2.掌握帐户的设置;

3.熟练掌握菜单、任务栏、主题和外观的设置;

4.理解日期和时间的格式;

5.能够添加、管理帐户;

6.能够按自己的习惯设置鼠标、日期和时间等;

7.能够管理好应用程序;

8.能够通过相关的设置打造舒适的工作环境。

思政小讲堂:

打造良好、舒适的工作环境,不但可以身心愉悦,还可以提高工作效率。在任务实施的过程中学会有序整理事物的方法,有助于培养爱整洁会整理的思维品质。

视频资源:

用户帐户　　　　　　个性化设置　　　　显示大小、日期、时间、卸载

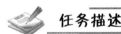 **任务描述**

工作中,我们会把自己的办公桌收拾得干净整洁,适合办公。同样,使用电脑办公也需要一个良好的适合自己操作的简洁、美化的工作环境。本次任务是按照要求给自己定制个性化的工作环境。

 **任务书**

为了使多个用户在使用同一台计算机时不相互影响,需要每个用户创建自己的帐户并按自己的习惯设置个性化工作环境。工作环境定制要求如下:

(1)添加用户帐户,为帐户设置个性头像,设置帐户密码来提高安全性;

(2)个性化设置,包括背景、颜色、锁屏界面、主题、开始菜单和任务栏;

(3)设置显示大小和分辨率;

(4)设置日期格式,添加不同时区的时钟;

(5)查看当前安装的程序,卸载不需要的程序。

 **获取信息**

引导问题1:

（1）Windows 10 增加了什么帐户，此帐户和本地帐户有什么不同。

（2）你觉得应该把帐户设置为标准用户还是管理员用户？

（3）如何注销登录的帐户？

引导问题 2：

Windows 的主题是_____、_____、_____和_____的组合。

引导问题 3：认识"开始"菜单，如图 2-18 所示。

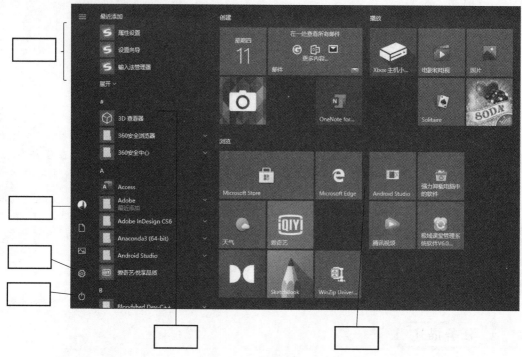

图 2-18　开始菜单

引导问题 4：在任务栏中看到的日期和时间的格式是（　　　）

A. 短日期和长时间　　　　　　　　　B. 短日期和短时间

C. 长日期和长时间　　　　　　　　　D. 长日期和短时间

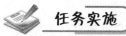 **任务实施**

1. 定制用户帐户。添加用户，设置密码和用户头像。

引导问题 5：写出添加用户的步骤。

引导问题 6：登录帐户的操作步骤是什么？

引导问题 7：退出 Windows 10 帐户的方法有哪些？

2. 外观和个性化设置

引导问题8：如何使用自己的一组图片做背景？

引导问题9：如何更改标题栏和窗口边框的颜色？

引导问题10：让 Windows 10 待机画面显示天气预报的操作步骤。

引导问题11：如何在 Microsoft Store 中获取主题并使用？

引导问题12：

(1)请列举磁贴的操作。

(2)如何将"文件资源管理器"显示在"开始"菜单上？

引导问题13：

(1)如何将应用固定或取消固定到任务栏？

(2)怎么调整任务栏的大小和位置？

3. 设置日期格式，添加不同时区的时钟

引导问题14：请写出添加一个时区的时钟的操作步骤。

4. 查看当前安装的程序，卸载不需要的程序

引导问题15：怎么卸载不需要的程序？

评价考核

项目名称	评价内容	评价分数		
		自我评价	互相评价	教师评价
职业素养考核项目	劳动纪律			
	课堂表现			
	合作交流			
专业能力考核项目	学习准备			
	引导问题填写			
	完成质量			
	是否按时完成			
	规范操作			
综合等级		教师签名		

注：评价等级分为 A(优秀)、B(良好)、C(合格)、D(努力)4 个。

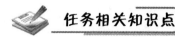 任务相关知识点

2.2.1　Windows 帐户

Windows 10 帐户分为本地帐户和 Microsoft 帐户，Microsoft 帐户可以在不同的电脑之间同步应用程序和操作系统的设定，一个 Microsoft 帐户就能畅享 Microsoft 的所有服务。

2.2.1.1　创建帐户

（1）创建 Microsoft 帐户

- 单击开始 ■→设置 ⊙→帐户 →家庭 & 其他用户。
- 在"其他用户"下，选择"将其他人添加到这台电脑"。如图 2-19 所示。

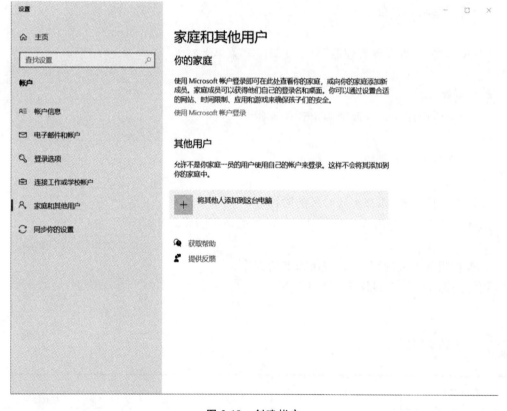

图 2-19　创建帐户

- 在如图 2-20 所示的对话框中输入用以登录的电子邮件地址或电话号码，然后按照向导提示一步步地操作，Microsoft 帐户就创建成功了。

（2）创建本地用户帐户

- 选择"开始"→"设置"→"帐户"，然后选择"家庭和其他用户"。
- 选择"将其他人添加到这台电脑"。
- 在图 2-21 所示对话框中输入用户名和密码（也可以不提供），然后选择"下一步"，本地帐户就创建成功了。

图 2-20　创建 Microsoft 帐户

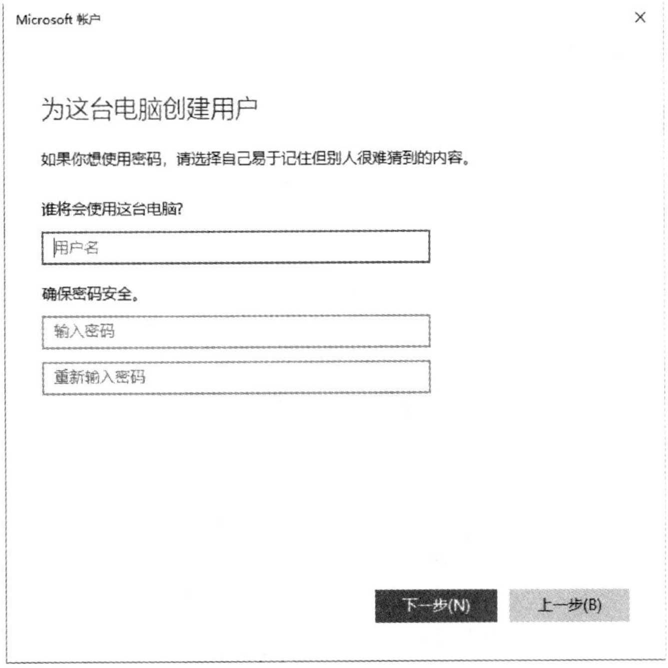

图 2-21　创建用户

！提示：在图 2-20 中，如果选择"我没有这个人的登录信息"，然后在下一页上选择"添加一个没有 Microsoft 帐户的用户"，就可打开创建本地用户帐户对话框。

2.2.1.2　管理帐户

（1）更改帐号类型

帐号的类型分为标准用户和管理员。标准用户可防止用户做出的更改会对该计算机的所有用户造成影响（比如删除计算机工作所需要的文件等）。使用标准用户类型帐号登录，可以执行管理员帐户下几乎所有的操作，但是如果要执行影响该计算机其他用户的操作（比如安装软件或更改安全设置），则系统需要提供管理员帐户的密码。新创建的帐户类型默认为标准用户，如果要更改为管理员帐户，可以通过以下步骤进行修改。

• 选择"开始"→"设置"→"帐户"，然后在"家庭和其他用户"下面选择创建好的帐户，然后选择"更改帐户类型"。

• 在"帐户类型"下，选择"管理员"，然后选择"确定"。如图 2-22 所示。

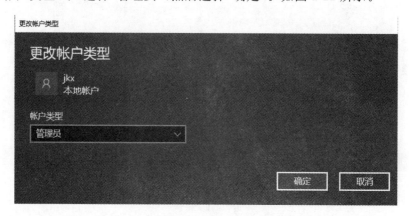

图 2-22　更改帐户类型

（2）添加帐户头像

添加帐户头像的步骤如下：

①单击"开始"→"设置"→"帐户"，或单击"开始"菜单中的用户头像，在展开的选项中选择"更改帐户设置"，如图 2-23 所示。

图 2-23　开始菜单

②在打开的"设置"窗口中,单击"帐户信息"页面中的"从现有图片中选择"命令,弹出"打开"对话框,如图 2-24 所示。

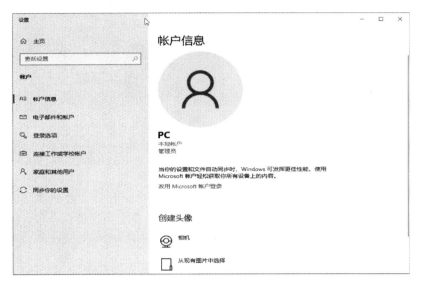

图 2-24　创建用户头像

③在对话框中搜索或指定某个位置的图片,单击"选择图片"按钮,帐户头像就设置好了,如图 2-25 所示。

图 2-25　选择图片

(3)更改帐户设置

对创建好的帐户,可以更改帐户名称和帐户类型、创建密码以及删除帐户。通过"控制面板"→"所有控制面板项"→"用户帐户"→"管理其他帐户"打开管理帐户窗口。在窗口中选择要更改的用户,可对帐户进行更改帐户名称、创建密码、更改帐户类型以及删除帐户等操作。如图 2-26 所示。

图 2-26　更改帐户

2.2.1.3　切换、注销 Windows 10 帐户

Windows 10 允许多个用户使用一台设备，每个用户都拥有自己的登录信息、能够访问自己的文件、浏览器收藏夹和桌面设置。根据需要可以让多个用户登录一台设备，在多个帐户中切换使用，不用时可注销登录。切换、注销帐户有以下几种操作方法。

方法一：通过开始菜单

• 通过单击屏幕左下方的开始图标或单击键盘上的 Windows 徽标来打开"开始"菜单。

• 单击"帐户头像"。

• 在选项中点击要切换的另外一个用户头像，或是注销当前帐号。如图 2-23 开始菜单所示。

方法二：通过快捷菜单

按 Windows 键＋X 组合键或右击"开始"图标，显示快捷菜单→关机或注销→注销。

当前帐号注销后，将返回到登录界面，在左下角可选择一个帐号登录。如图 2-27 所示。

图 2-27　登录界面

方法三：使用 Ctrl ＋ Alt ＋ Delete 组合键

按 Ctrl ＋ Alt ＋ Delete 组合键后将显示登录和安全选项界面，如图 2-28 所示。在选项中可选择注销或切换用户来注销当前帐号或切换到其他帐号。

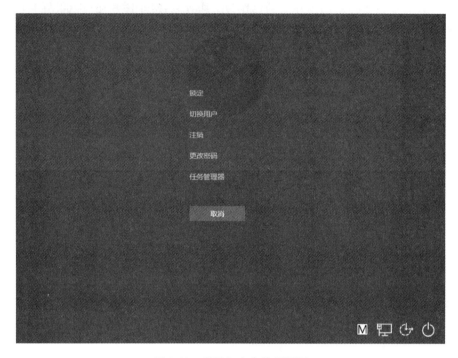

图 2-28　登录和安全选项界面

! 提示：当电脑死机或尝试退出失败的程序时，使用此组合键可以重新登录，还可以打开任务管理器来结束某些进程。

方法四：通过"关闭 Windows"对话框

按 Alt ＋ F4，桌面上弹出关闭 Windows 对话框，在下拉选项中选择注销或切换用户。如图 2-29 所示。

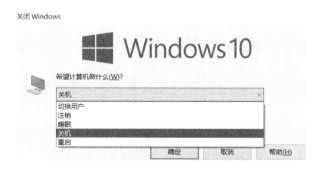

图 2-29　关闭 Windows 对话框

2.2.2　个性化设置

个性化设置包括背景、颜色、锁屏界面、主题、字体、开始菜单和任务栏，通过"开始"菜单

→"设置"→"个性化"，或在右击桌面空白区域弹出快捷菜单，在菜单中选择"个性化"，打开个性化设置窗口。

2.2.2.1　背景设置

用户可以选取自己喜欢的图片或颜色作为桌面背景，对于图片还可以设置其显示方式，比如是平铺在整个桌面，还是显示在桌面上中间的位置等。在个性化窗口左边选项中选定"背景"，将展示"背景"页面，如图 2-30 所示。

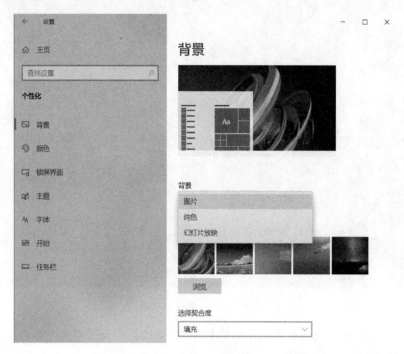

图 2-30　设置背景

在背景下拉框中可以选择图片、纯色或幻灯片放映来作为桌面的背景。

（1）选择图片

①从图片列表中选项一张图片。

②单击"浏览"按钮，在"打开"对话框中选择已保存好的一张图片，单击"选择图片"按钮，确定选择。如图 2-25 所示。

（2）选择纯色

①从给定的颜色列表中勾选一种颜色作为屏幕背景，如图 2-31 所示。

图 2-31　选择颜色

②单击自定义颜色按钮，从调色板中选定颜色，也可以给定 RGB 值。如图 2-32 所示。

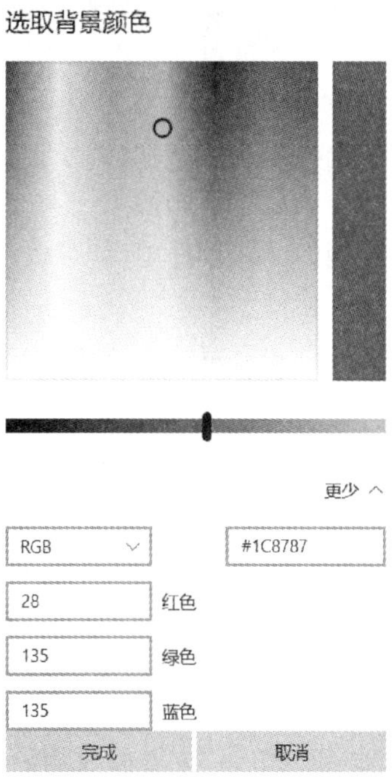

选取背景颜色

更少 ∧

RGB ∨	#1C8787
28	红色
135	绿色
135	蓝色
完成	取消

图 2-32 自定义颜色

（3）选择幻灯片放映

使用幻灯片放映，可以将 Windows 10 文件夹中多张图片轮换着作为桌面背景。如图 2-33 所示。

图 2-33 设置背景为幻灯片

如果想使用自己准备好的一组图片，可以选定"浏览"按钮，在打开的对话框中选择图片所在的文件夹即可。选择使用幻灯片，还可以设置图片切换频率，在"图片切换频率"列表中选择时间，确定间隔多久切换一次图片。

　　！提示：点击"选择契合度"下拉列表，可以根据需要设置对应的显示方式。

2.2.2.2　颜色设置

在个性化设置窗口中，选择左侧的"颜色"选项，就可以设置系统的窗口颜色、开始菜单、任务栏和操作中心等的颜色。

窗口背景颜色可以设置浅色、深色和自定义。通过"选择颜色"下拉选项进行选择，在上方示例图看设置效果。如图 2-34 所示。

主题色是对开始图标、开始菜单应用程序和磁贴的图标颜色进行设置。如图 2-35 所示。

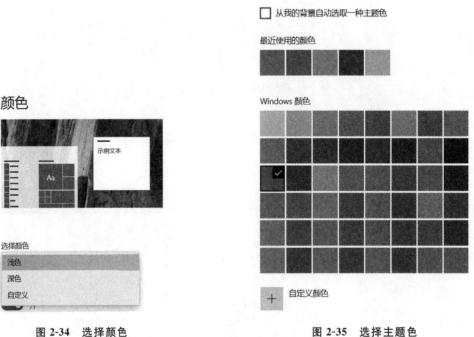

图 2-34　选择颜色　　　　　　　　　　　　图 2-35　选择主题色

（1）自动设置颜色

如果不想手动设置颜色，可以选中"从我的背景自动选取一种主题色"设置开关，系统会从最近使用过的颜色中随机选取一种作为主题色。

（2）手动设置颜色

手动更改主题颜色，先取消"从我的背景自动选取一种主题色"设置开关，然后在下方的颜色选择器中点击选择喜欢的颜色，即可更改主题颜色，除此之外还可以自定义颜色。

设置完成后可通过"颜色"页面上方示例图查看设置效果。如果想让设置的主题色作用于标题栏、窗口边框，以及"开始"菜单、任务栏和操作中心，勾选"在以下区域显示主题色"的两个设置开关即可。如图 2-36 所示。

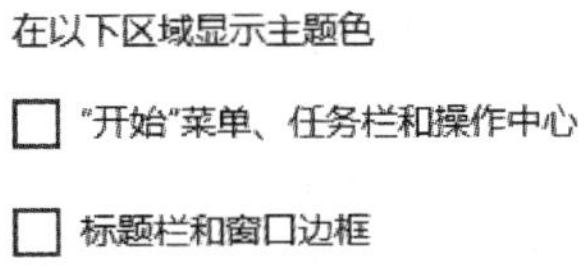

在以下区域显示主题色

☐ "开始"菜单、任务栏和操作中心

☐ 标题栏和窗口边框

图 2-36　勾选主题色作用区域

2.2.2.3　锁屏界面设置

锁屏是为了给暂时不使用电脑时加密设计的一种功能。锁屏之后会自动显示系统预置或用户指定的图片。在个性化设置窗口中,选择左侧的"锁屏界面"选项,就可以设置锁屏的背景,以及在锁屏界面上显示详细状态的应用。如图 2-37 所示。

图 2-37　锁屏界面

Windows 10 锁屏背景包括图片、"幻灯片放映"和"Windows 聚焦"三种锁屏方式,它们能让锁屏界面呈现出丰富多彩、可预期或不可预期的动态效果。

Windows 聚焦是一种不可预期显示内容的锁屏方式,用户每次登录系统显示的锁屏背景由微软来提供,用户无法预期图片的内容。但是这并不表示用户完全无法左右照片的显示风格。在每次显示的"聚焦锁屏"界面中,系统会以文字的形式显示是否喜欢这个风格照片的调查选项,用户可根据自己的喜好来决定是否喜欢此类照片。之后系统会根据用户的喜好来推送适合用户口味的"聚焦锁屏"图片。如果用户还是不喜欢,可以再次点击切换当前显示的图片。

选择图片和幻灯片放映方式和设置桌面背景操作类似。选择图片方式，可以在系统默认推荐的图片中选择一张，也可以单击"浏览"按钮，指定自己的锁屏图片。选择幻灯片方式，可从添加的多个图片文件夹中选择一个文件夹，以幻灯片方式放映该文件夹中的图片，达到动态展示效果。通过"高级幻灯片放映设置"，还可以扩大锁屏幻灯片的来源，设置照片大小与屏幕的吻合度，以及电脑处于非活动状态时显示锁屏界面还是关闭屏幕等。

如果要在锁屏界面上显示详细状态的应用，点击"选择在锁屏界面上显示详细状态的应用"下方的"＋"按钮，在待选项中选择希望显示的应用状态信息，比如显示天气、日历、邮件等应用的信息，如果想要取消其中某项应用的展示，在列表中选择"无"选项即可。除了设置显示详细状态的应用，如果我们有需要，还可以用同样的操作方法设置显示快速状态信息的应用，最多可以设置 7 个。

当我们需要锁屏时，有以下三种操作方法。

方法一：按 Windows＋L 组合键锁定屏幕；

方法二：点击 Windows 开始图标，在开始菜单中点击帐户头像，在弹出的菜单中，选择锁定。

方法三：设置锁屏时间，自动锁屏。

通过点击"屏幕保护程序设置"链接，在打开的窗口中设置等待时间，勾选"在恢复时显示登录屏幕"，如图 2-38 所示。

图 2-38　设置屏幕保护程序

2.2.2.4　主题设置

主题是背景、颜色、声音和鼠标光标的组合，用户可以分别设置这四项进行自定义主题，也可以选择 Windows 10 提供的主题，除此之外，用户还可以在 Microsoft Store 中获取更多免费的主题。

（1）自定义主题

①点击"背景"→在背景下拉选项中选择图片、纯色或幻灯片放映→个性化中"主题"选项。

②点击"颜色"→选择颜色→个性化中"主题"选项。

③点击"声音"→在"声音方案"下拉项里选择 Windows 默认或无声→个性化中"主题"选项，如图 2-39 所示。

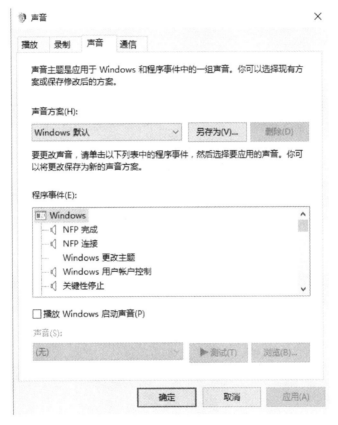

图 2-39　声音

如果你想使用其他的声音，也可以在现有的方案上做修改，操作过程为：选择程序事件→浏览→指定扩展名为 wav 的波形文件→另存为→给定声音方案名称。

！提示：一般不建议修改声音方案。

④点击"鼠标光标"→在下拉列表中选择方案→个性化中"主题"选项。如果要切换主要和次要的按钮、双击速度，点击"鼠标键"选项卡；设置指针移动速度、显示指针轨迹等可以点击"指针"选项卡，但是要注意鼠标键选项卡和指针选项卡中的设置跟自定义的主题设置无关。如图 2-40 所示。

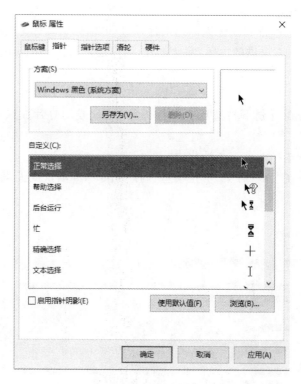

图 2-40　鼠标方案

⑤四项设置完毕后，在主题界面可以看到每一项设置的内容，如图 2-41 所示。点击"保存主题"，为主题命名后点击"保存"按钮，自定义的主题就添加到了应用主题列表中。

图 2-41　保存主题

（2）应用 Windows10 的主题

从更改主题下方的主题列表中选择 Windows 10 提供的或者自定义的主题。

（3）从应用商店中获取主题

点击"从应用商店中获取更多主题"链接，在 Microsoft Store 页面中选择自己喜欢的主题下载，系统完成安装后，点击应用即可。

2.2.2.5　开始菜单设置

Windows 10 开始菜单融合了 Windows 7 和 Windows 8 系统的开始菜单，由三个部分组成，分别是左侧的开始选项组、中间的应用程序区和右侧的磁贴区。如图 2-42 所示。

图 2-42　开始菜单

（1）开始菜单简介

①开始选项组包括了"电源"和"用户"选项以及常用的一些文件夹。

②应用程序区中上面显示最近添加的应用程序，"♯"分隔线下面列出目前系统中已安装的应用程序，并且是按照数字 0～9、英文字母 A～Z 以及拼音 A～Z 顺序依次排列的，要执行某个应用程序时，单击即可。

！提示：单击某个分隔线，在列表中选择应用名称的首字母，可以快速定位要使用的应用程序。

③磁贴区是用来固定应用程序图标的区域。

（2）设置开始菜单

①在屏幕上固定/取消应用

・将应用程序固定到屏幕上：右击应用程序区中某个应用程序，在弹出菜单中选择"固定到开始屏幕"，或是直接拖拽应用程序到磁贴区。

・取消应用程序固定到屏幕上：右击磁贴区中的某个图块，在弹出菜单中选择"从开始屏幕取消固定"。

②更改开始菜单大小

・将鼠标移动到开始菜单的边框或右上角，当鼠标指针变成双箭头状时，按住左键不放进行拖动，可增大或缩小开始菜单。

・在"设置"窗口，单击"开始"选项卡，打开"使用全屏开始屏幕"，开始菜单将占据整个桌面。

③磁贴的操作

・设置磁贴大小：磁贴大小分为小、中、宽、大，右击磁贴图块，选择"调整大小"，然后选择所需的大小。

！提示：并不是所有的磁贴都可以选择四种大小。

图 2-43　磁贴文件夹与展开显示

• 磁贴归类：为了使菜单整洁，可以像手机桌面图标归类操作一样，将多个磁贴进行归类，即将多个磁贴放到文件夹中。点击某个磁贴并按住鼠标键不放，拖拽到另一个磁贴或文件夹之上，放开鼠标键，该磁贴就合并到文件夹里了。为了便于查看，用户还可以设置文件夹的名称。如果要更改文件夹中某个磁贴的大小或执行应用程序等，单击文件夹展开所有磁贴，选定某个磁贴进行操作。如图 2-43 所示。

！提示：当用户想将磁贴从分组中脱离出来，单击该文件夹，从文件夹中拖拽该磁贴到菜单屏幕空白区域即可。

④显示/隐藏应用程序区和磁贴区

打开"个性化设置"窗口，单击"开始"选项，关闭"在开始菜单中显示应用列表"，此时应用程序将被隐藏起来，点击开始菜单左侧 ▤ 按钮，可以显示/隐藏应用程序区。同样，单击 ▦ 按钮将显示/隐藏磁贴区。

⑤在"开始"菜单上显示更多文件夹

打开"个性化设置"窗口，单击"开始"选项，单击"选择哪些文件夹显示在开始菜单上"超链接，在图 2-44 所示窗口中，打开需要显示在"开始"菜单上的文件夹。

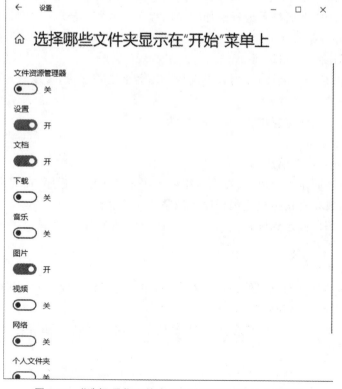

图 2-44　"选择哪些文件夹显示在'开始'菜单上"页面

2.2.2.6　任务栏设置

Windows 10 任务栏由开始菜单、搜索栏、任务视图、应用程序区、托盘区和显示桌面按钮组成,如图 2-45 所示。

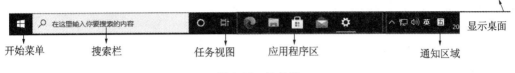

图 2-45　任务栏

(1)任务栏简介

①搜索栏:可以在网上和本地搜索输入的内容。使用搜索栏可以帮助用户快速找到应用程序、文件夹、文档等。例如在搜索栏中输入控制面板,可以搜索到控制面板工具,除了单击打开该应用以外,还可以固定该应用到"开始"屏幕和任务栏。如图 2-46 所示。

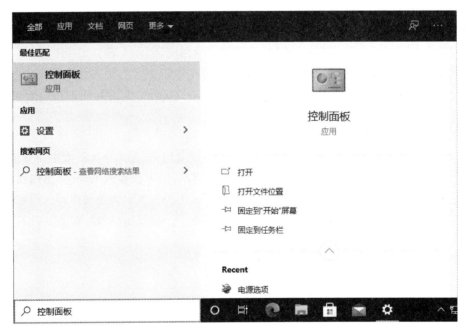

图 2-46　搜索控制面板

②任务视图:Windows 10 新增的功能,可以在日程表中找到最近运行的活动,比如打开的文档、浏览的网页等,并且能够恢复这些活动。

③应用程序区:包括固定在任务栏上的应用程序和打开的应用程序。

④通知区域:包括显示隐藏的图标、网络图标、音量图标、操作中心图标和输入指示图标等。打开个性化设置窗口,在"任务栏"设置界面,单击通知区域下方的"选择哪些图标显示在任务栏上"以及"打开或关闭系统图标",可以设置通知区域显示的图标。

(2)设置任务栏

①更改任务栏按钮大小

要想在任务栏上显示更多应用,可以显示较小版本的按钮。右键单击任务栏上的任何空白区域,选择"任务栏设置",或是右击桌面空白区域,选择"个性化",在"任务栏"界面中打开"使用较小任务栏按钮"。选择"关闭"则返回到更大的任务栏按钮。

②更改任务栏位置

任务栏的位置为"靠左""顶部""靠右"和底部,默认位置为底部,如需修改打开"任务栏"界面,在"任务栏在屏幕上的位置"下拉框中进行选择。

③更改任务栏高度

将指针移到任务栏的边框上,当指针变为双箭头,按住左键不放,拖动边框到满意的高度后松开。

注意:在"任务栏"设置界面中,如果打开了"锁定任务栏"开关,则不能调整任务栏的高度。

④自动隐藏任务栏

隐藏任务栏可以增大屏幕的工作区域。打开"任务栏"设置界面,根据当前处于桌面模式还是平板电脑模式,选择打开"在桌面模式下自动隐藏任务栏"或"在平板电脑模式下自动隐藏任务栏"。

⑤在任务栏中固定/取消应用

•将"开始"菜单中的应用程序固定到任务栏或从任务栏上取消。操作步骤为:右击应用程序→"更多"→"固定到任务栏"或"从任务栏取消固定"。

•在任务栏中右击已固定的应用,选择"从任务栏取消固定",可将此应用在任务栏中删除。如果是目前打开的并且没固定的应用,右击该应用,选择"固定到任务栏",则可将该应用添加到任务栏上。

(3)设置显示大小和分辨率

字体的大小、屏幕分辨率会影响我们使用电脑的视觉效果,如果字体的大小和分辨率没设置好,长时间使用电脑,会导致眼睛疲劳。尤其是分辨率,如果设置得不佳,会出现画面模糊、字体不清晰,甚至还会造成有些项目超出了屏幕范围。要设置显示大小和屏幕分辨率,可单击开始菜单→设置按钮→系统,也可以在桌面上单击右键,选择"显示设置",如图 2-47 所示。

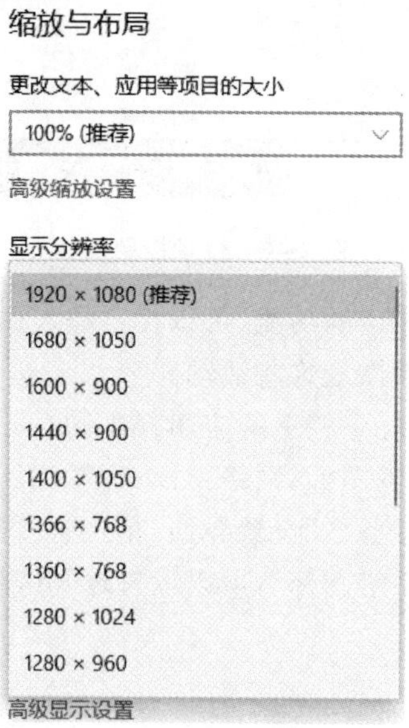

缩放与布局

更改文本、应用等项目的大小

| 100% (推荐) ∨ |

高级缩放设置

显示分辨率

| 1920 × 1080 (推荐) |
| 1680 × 1050 |
| 1600 × 900 |
| 1440 × 900 |
| 1400 × 1050 |
| 1366 × 768 |
| 1360 × 768 |
| 1280 × 1024 |
| 1280 × 960 |

高级显示设置

图 2-47　显示设置

①设置显示大小

Windows 默认显示的大小是 100％，如果感觉视觉疲劳或视力不好，我们可以选择 125％或者更大。在缩放与布局下方，单击"更改文本、应用的项目的大小"下拉按钮，在展开的选项中选择适合的大小。

②设置分辨率

显卡对显示器有自适应功能，当连接好显卡和显示器后，显卡会和显示器通信确认显示器能显示的最佳刷新率与分辨率。我们只需要在显示页面上点击分辨率下拉框，选择标有"推荐"的分辨率即可。

！提示：如果没有"推荐"分辨率，需要修复显卡驱动。

（4）设置日期和时间

Windows 10 系统中，任务栏上显示的时间和日期及格式都可以调整，如果关注其他国家或区域的时间，还可以添加多个时区的时钟。单击任务栏上的时间，可查看日历，右击此图标，在弹出菜单中选择"调整日期/时间"，可对日期和时间进行设置。如图 2-48 所示。

图 2-48　日期和时间

①更改日期时间

• 自动设置：打开"自动设置时间""自动设置时区"开关，会自动同步所在区域的日期和时间。

•手动设置：点击"更改"按钮，打开"更改时期和时间"对话框，分别点击年、月、日、小时和分钟下拉框，来更改日期和时间。如图 2-49 所示。

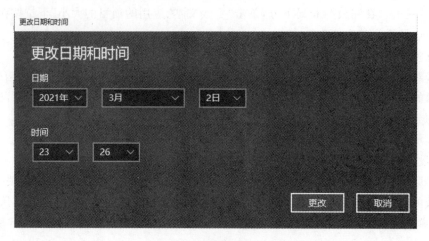

图 2-49　更改日期和时间

单击"时区"下拉钮，可更改其他时区。时区更改后，时期和时间会随之改变。

单击"在任务栏中显示其他日历"下拉钮，可设置日历以简体中文（农历）、繁体中文（农历）或基本日历显示。

②更改日期和时间格式

日期和时间的格式分为短日期/时间和长日期/时间格式，单击图 2-50 左侧"区域"选项，在区域界面中可查看当前设置的日期和时间格式，单击"更改数据格式"可以更改任务栏和日历上日期和时间的显示格式，如图 2-50 所示。

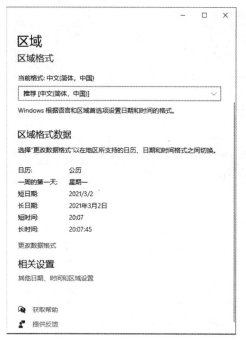

图 2-50　更改日期和时间格式

分别点击短日期、长日期、短时间和长时间下拉按钮，可选择自己需要显示的日期/时间格式。

③添加不同时区的时钟

Windows 10 中，除了显示本地时间外，还可以显示 1～2 个其他区域的时钟。点击"添加不同时区的时钟"，打开"日期和时间"对话框。操作步骤为：

- 勾选"显示此时钟"；
- 在选择时区下拉框中选择你关心的时区；
- 输入显示的名称；
- 单点应用或确定按钮。

比如，想显示首尔和伦敦的时钟，就勾选两个时钟，在下拉框中分别选定首尔和伦敦的时钟，为了查看方便，给两个时钟输入名称，如图 2-51 所示。

图 2-51 附加时钟

设置完成后，将鼠标指针悬停在任务栏上的时间上，就可以看到本地、首尔和伦敦三个时间了。

注意：此对话框中提供了更改日期和时间以及更改日期和时间格式的另外一种方式，这个方式和 Windows 7 的相同，如果对 Windows 7 操作熟练的可采用这种方式。除了上述的操作可打开此对话框以外，还可以点击"其他日期、时间和区域设置"→"控制面板"→"日期和时间"；也可以搜索"控制面板"，或"开始"→"Windows 系统"→"控制面板"→"时钟、语言和区域"→"日期和时间"。

（5）程序查看与卸载

Windows 10 中想要查看已安装的程序，或是卸载某个应用程序，可以在"应用"窗口或

"控制面板"中完成操作。

①在"应用"窗口中管理程序

单击"开始"→"设置"→"应用"，打开设置窗口，选择"应用和功能"，在右边的窗格中可查看已安装的应用程序，如图 2-52 所示。

图 2-52　应用和功能

a. 在搜索框中输入程序名称，可快速查找某个安装的程序，在查找时还可以给定筛选条件，单击"筛选条件"下拉钮选择驱动器，可以缩小查找范围；

b. 单击排序依据下拉钮可以按"名称""大小"或"安装日期"进行排序。

c. 选择不需要的应用程序，单击"卸载"按钮，在弹出的对话框单击"卸载"按钮，程序将被删除，如图 2-53 所示。

图 2-53　卸载程序

②在"控制面板"中管理程序

打开"控制面板"窗口，单击"程序"超链接，打开"程序"窗口，在窗口中单击"程序和功能"超链接,或右击"开始"菜单中的某一应用程序,在弹出的菜单中选择"卸载",打开"程序和功能"窗口,如图 2-54 所示。

图 2-54　程序和功能

在该窗口中可查看所有已安装的程序。若要卸载程序,从程序列表中选中该程序,然后单击"卸载",在弹出的对话框中选择确定卸载,选中的程序将被删除。

总　结

单元 3　文字处理 Word 2019

　　本单元共分四个任务(任务 1 编辑毛泽东诗词《沁园春·雪》、任务 2 制作红色海报、任务 3 制作准考证、任务 4 毕业论文的编辑与排版),通过学习使读者能够达到以下目标。

1)知识目标

(1)掌握纯文档格式的编辑;

(2)掌握图文混排的方法;

(3)掌握表格的创建与编辑;

(4)掌握长文档编排的方法和技巧。

2)能力目标

(1)能够熟练地对文本进行编辑;

(2)能够将文字和图形、图片完美地排列在一起;

(3)能够按要求完成长文档的编排。

3)素质目标

(1)注重格式规范,学会思考和总结;

(2)学会欣赏,发现美好的事物。

任务 3.1　编辑毛泽东诗词《沁园春·雪》

学习目标:

1. 掌握 Word 2019 的启动与退出;

2. 掌握 Word 2019 文件的操作;

3. 能够快速输入、编辑文字;

4. 熟练掌握文本格式化、段落格式化,能够美化文档;

5. 能够设置文本的边框和底纹;

6. 学会在文档中使用页眉和页脚以及脚注和尾注。

思政小讲堂:

学会欣赏、懂得欣赏,充实人生。

视频资源:

诗词排版

任务描述

毛泽东既是领导中国人民彻底改变自己命运和国家面貌的一代伟人，也是伟大的诗人，他的诗词感染和熏陶了几代中国人。现在需要制作毛泽东诗词欣赏集，供同学们阅读欣赏，感受他笔下的宏伟气概和那段峥嵘岁月。

任务书

《沁园春·雪》是毛泽东于 1936 年 2 月创作的一首词，此词不仅赞美了祖国山河的雄伟和多娇，更重要的是赞美了今朝的革命英雄，抒发了毛泽东伟大的抱负及胸怀。诗词集的排版格式要求如下：

①选用合适的纸张大小和背景颜色，使诗词排版更美观。

②正确地插入符号。

③诗词题目醒目，选用较大的字号，居中。

④作者名选用较小的字号，居中。

⑤使用首字下沉效果突出诗词的开始，起到美化的作用，并对重点的部分突出显示。

⑥对文本进行字体、字形、字号以及字间距、行间距的设置，做到清晰整齐，增加阅读时视觉上的效果。

⑦设置底纹、文本框，使文章层次感更强。

⑧设置页眉，突出诗集的主题。

⑨为了说明解释诗词的标题或某个字词，加入脚注或尾注，并设置显示格式。

按上述要求，排版好的效果如图 3-1 所示。

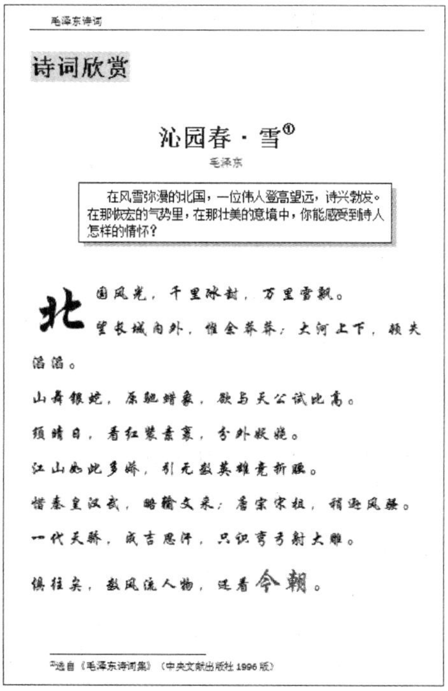
毛泽东诗词

诗词欣赏

沁园春·雪①

毛泽东

在风雪弥漫的北国，一位伟人登高望远，诗兴勃发。在那恢宏的气势里，在那壮美的意境中，你能感受到诗人怎样的情怀？

北国风光，千里冰封，万里雪飘。
望长城内外，惟余莽莽；大河上下，顿失滔滔。
山舞银蛇，原驰蜡象，欲与天公试比高。
须晴日，看红装素裹，分外妖娆。
江山如此多娇，引无数英雄竞折腰。
惜秦皇汉武，略输文采；唐宗宋祖，稍逊风骚。
一代天骄，成吉思汗，只识弯弓射大雕。
俱往矣，数风流人物，还看今朝。

①选自《毛泽东诗词集》（中央文献出版社 1996 版）

图 3-1 诗集模板

获取信息

引导问题 1：启动 Word 2019 有几种方法？

引导问题 2：Word 是_____软件，Word 97－2003 文档的后缀名为_____，从 2007 版开始文档后缀名是_____。

引导问题 3：认识 Word 2019 的窗口与组成，如图 3-2 所示。

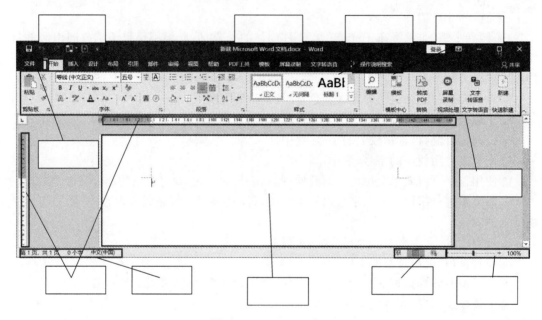

图 3-2　Word 2019 窗口

引导问题 4：Word 的输入模式分为_____和_____，在_____设置可以显示或关闭当前输入模式状态提示。

引导问题 5：Word 纸张大小默认为_____，纸张方向为_____和_____。

引导问题 6：完成以下选择题。

（1）关于分栏，以下说法正确的是（　　）。

A. 设置分栏时，每个分栏的栏宽都必须相同

B. 设定的分栏只能应用于整个文档

C. 分栏的栏间距不能设置

D. 分隔线的线型不能设置

（2）在 Word 中编辑过程中，中英文输入法切换用（　　）。

A. Alt＋空格键　　　B. Shift＋空格键　　　C. Ctrl＋空格键　　　D. Ctrl＋Shift＋空格键

（3）输入文档时，输入的内容出现在（　　）。

A. 文档的末尾　　　B. 鼠标指针处　　　C. 鼠标"I"形指针处　　D. 插入点处

（4）在 Word 编辑窗口中要将光标移到文档首部，可用（　　）。

A. Home　　　　　B. Ctrl＋Home　　　C. Ctrl＋Shift＋Home　D. Ctrl＋Page Up

（5）在 Word 编辑状态下，移动鼠标至行首选定栏后双击左键，结果会选择文档的（　　）。

A.一句话　　　　　　B.一行　　　　　　　C.一段　　　　　　　D.全文

(6)以下哪个说法是错误的(　　)。

A.选定内容后,单击"剪切"或"复制"按钮,则选定的内容被送到了剪贴板上

B.选定内容后按 Del 键,这段内容被送到了剪贴板上

C.选定内容后,按住 Ctrl 键并拖动鼠标,可以实现内容的复制

D.执行两次"剪切"操作,则剪贴板中有两次被剪切的内容

引导问题 7(判断):Word 2019 查找和替换功能很强,可以查找和替换文本、查找和替换带格式的文本,还可以查找和替换图形对象(　　)。

任务实施

1.新建文档

引导问题 8:在 Word 2019 文档编辑中,新建 Word 空白文档的快捷键是_____。

2.设置页面

引导问题 9:以下关于 Word 文本行的说法中,正确的是(　　)。

A.输入文本内容到达屏幕右边界时,只有按回车键才能换行

B.Word 文本行的宽度与页面设置有关

C.在 Word 中文本行的宽度就是显示器的宽度

D.Word 文本行的宽度用户无法控制

3.输入文本

引导问题 10:如何切换输入方法?

引导问题 11:在文档中输入符号"◎",有哪些方法可以完成?

引导问题 12:给出插入文本框的操作步骤。

4.设置文本格式

引导问题 13:写出 Word 2019 中设置文本字体、字形、字号,以及字体颜色的方法。

引导问题 14:Word 2019 中对已经输入的文档设置首字下沉,需要使用_____选项卡。

5.设置段落格式

引导问题 15:段落对齐的方式有哪些?

引导问题 16:请按下面的要求给出操作步骤。

设置首行缩进,分散对齐,行间距为 1.25 倍行距,段前 0.5 倍行距,段后 1 倍行距。

6.设置文本框格式

引导问题 17：如何将横排文本框转变成竖排文本框？

引导问题 18：文本框与给文字加边框有什么不同？

7.插入页眉

引导问题 19：如何将页眉文本放置在本行首部或本行末尾位置？

8.插入脚注

引导问题 20：如何插入和删除脚注？

9.美化页面

引导问题 21：如何给页面添加水印？给出操作步骤。

10.保存文档

引导问题 22：Word 2019 中如果想要设置自动保存，操作步骤是(　　　)。

A.选择"工具"中的"选项"，选择标签为"保存"的对话框

B.选择"文件"中的"选项"，再选择"保存"项

C.选择"文件"中的"保存"项

D.选择"格式"中的"样式"选项

引导问题 23：修改文档内容后，没有保存就关闭 Word 窗口，修改的部分会丢失吗？

引导问题 24：保存文档的快捷键是_____。

评价考核

项目名称	评价内容	评价分数		
		自我评价	互相评价	教师评价
职业素养考核项目	劳动纪律			
	课堂表现			
	合作交流			
专业能力考核项目	学习准备			
	引导问题填写			
	完成质量			
	是否按时完成			
	规范操作			
综合等级		教师签名		

注：评价等级分为 A(优秀)、B(良好)、C(合格)、D(努力)4 个。

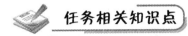 任务相关知识点

3.1.1　Word 简介

Microsoft Word 是微软公司的一个文字处理器应用程序,是 Microsoft Office 的一部分。使用 Word 软件可以编辑排版图书、论文、报刊、广告、海报、网页等中的文字、图表。除了 Word 以外,常用的文字处理软件还有金山 WPS、永中 office 等,以及 Windows 系统内置的简单文本编辑器记事本和写字板。

3.1.1.1　Word 启动和退出

(1)启动 Word 2019

启动 Word 的常用方法有以下三种:

①使用“开始”菜单启动 Word 2019

单击“开始”→“所有应用”→Word,或是单击“开始”菜单上的 Word 磁贴。

②使用桌面快捷方式

如果桌面上有 Word 快捷方式,双击该图标。

③使用文档启动 Word 2019

找到扩展名为 doc 或 docx,带有 图标的文件,双击该文件就会启动与 Word 文档关联的应用程序 Word 2019。

(2)退出 Word 2019

退出 Word 的常用方法有以下几种:

①单击窗口标题栏右边的关闭按钮✕。

②按 Alt＋F4 组合键。

③右击标题栏,在弹出的菜单中选择“关闭”。

④右击任务栏中的 Word 文档按钮,在弹出的菜单中选择“关闭窗口”。

⑤移动鼠标至任务栏中的 Word 文档按钮上,在展开的文档窗口缩略图中单击“关闭”按钮。

3.1.1.2　Word 2019 窗口简介

Word 2019 的工作界面由标题栏、功能区、快速访问工具栏、用户编辑区等部分构成。Word 2019 工作界面如图 3-3 所示。

(1)标题栏

标题栏位于窗口顶端,包含 Word 文档名称、功能区显示选项按钮、最小化、最大化(还原)和关闭按钮。

其中功能区显示选项有三个选项,分别用来设置隐藏功能区、仅显示功能区选项卡、显示功能区选项卡和命令。

(2)快速访问工具栏

如图 3-4 所示,快速访问工具栏默认的位置为窗口的顶端左侧,放置了能快速启动、用户经常使用的命令,比如“保存”“撤销”“恢复”等。

如果需要放置更多的命令,可点击“自定义快速访问工具栏”按钮,在下拉菜单中勾选需

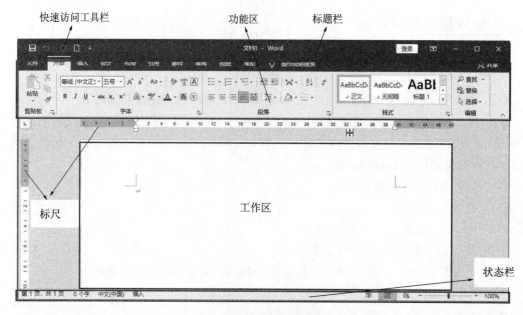

图 3-3　Word 窗口

图 3-4　快速访问工具栏

要放置的命令选项。

快速访问工具栏的位置也可以调整,点击"自定义快速访问工具栏"按钮,在下拉菜单中选择"在功能区下方显示",可将快速访问工具栏的位置设置到功能区的下方。

(3)"文件"选项卡

从 Word 2010 开始,"文件"选项卡取代了 Word 2007 中的"Office"按钮,其中提供了一组文件操作命令,如"新建""打开""保存""关闭""打印"等。

(4)功能区

从 Word 2010 开始取消了传统的菜单式界面,而采用 Ribbon 界面。Ribbon 即功能区,位于工作区的上方,包括多个选项卡,如"文件""插入""设计"等,单击选项卡即可显示相应的命令集。

(5)"搜索"按钮

从 Word 2016 开始新增的功能,位于"帮助"选项卡右边。可以利用这个功能快速执行某个命令或搜索某个帮助。

(6)工作区

工作区为 Word 窗口中间的区域,文档的内容会显示在这个区域中。用户对文档内容录入、编辑和排版等操作都是在工作区中完成的。

(7)标尺

标尺分为水平标尺和垂直标尺,用来调整页边距、首行缩进、左右缩进或表格列宽等。在 Word 2019 中默认是隐藏标尺,当需要使用时,在"视图"选项卡中勾选"标尺"复选框即可。

（8）状态栏

状态栏位于窗口底部，用来显示当前文档某些状态信息、页面视图、显示比例等。右击状态栏，可以自定义状态栏，在弹出的菜单中勾选或取消在状态栏上显示的信息。

①文档的状态信息

在状态栏中显示的文档状态主要包括当前编辑的文档的页码、字数、语言、插入/改写编辑状态等。

②视图按钮

视图就是查看方档的方式，Word 有 5 种视图，分别是页面视图、阅读视图、Web 版式视图、大纲视图和草稿视图。

• 页面视图：Word 的默认视图，用于版面设计。此视图是所见即所得视图，即文档显示的内容、样式与打印出来的完全一样。

• 阅读视图：该视图是阅读文档的最佳方式，在此视图中，不允许对文档编辑，只能对文档布局、列宽、文字间距等显示效果进行简单的设置，Word 2019 将以前版本的垂直翻页模式改变为横向翻页模式，使之更符合人们的阅读习惯，同时还可以设置朗读模式，用于缓解眼睛疲劳。

• Web 版式视图：不显示页码和章节号信息，能够模仿 Web 浏览器来显示 Word 文档。

• 大纲视图：该视图是按照文档中标题的层次来显示文档，用户可以双击标题前的"＋"按钮折叠/展开文档，选择只查看标题还是查看整个文档的内容。在这种视图方式下，用户还可以通过拖动标题或通过上移、下移、提升、降级来重新组织文档结构。该视图广泛地用于 Word 长文档的快速浏览和设置。

• 草稿视图：该视图取消了页面边距、分栏、页眉页脚和图片等元素，只显示文档中的文本以及字体、字号、字形、段落及行间距等最基本的格式，适合于快速键入或编辑文字并编排文字的格式。

状态栏中只提供了阅读视图、页面视图和 Web 版式视图三个按钮，用户可以在这三个视图中快速切换。如果要使用大纲视图或草稿视图查看文档，需切换到"视图"选项卡，在"视图"命令组中点击"大纲"或"草稿"命令。

③显示比例

用户可通过"缩放滑块"和"缩放级别"设置当前文档的显示比例。

3.1.2　文件操作

3.1.2.1　新建文档

启动 Word 后，在窗口的列表中选择创建空白文档或模板文档，选定后会创建一个新文档并自动命名为"文档 1"。如果在编辑文档的过程中还需要创建文档，可以使用以下方法。

方法一：选择"文件"→"新建"命令。

方法二：按 Ctrl＋N 组合键。

方法三：点击快速访问工具栏中的"新建"按钮。

3.1.2.2　打开文档

对已存在文档进行查看、编辑、修改或打印，首先要在 Word 应用程序中打开。打开文档有以下几种常用方法。

方法一:选择"文件"→"打开"命令。

方法二:按 Ctrl＋O 组合键。

方法三:点击快速访问工具栏中的"打开"按钮。

这三种方法在执行打开操作时,都会显示"打开"界面,如图 3-5 所示。

图 3-5　"打开"界面

在界面中,先从最近文档中查找你需要打开的文档,如果没有再点击"浏览"按钮打开"文件资源管理器",找到文档后单击该文档即可打开,也可以选择多个 Word 文档同时打开。

方法四:启动 Word,在最近使用的文档列表中选择文件。

方法五:在"文件资源管理器"中,双击 Word 文档,或选定一到多个文档,单击鼠标右键,在弹出的菜单中选择"打开"命令。

3.1.2.3　保存文档

如果想要把文档的内容永久保存起来,就必须将录入的内容写入文件中,存放在计算机硬盘上,在 Word 中通过保存操作可以实现对文档内容的永久保存。

(1)保存文档

保存有以下操作方法。

方法一:选择"文件"→"保存"命令。

方法二:按 Ctrl＋S 快捷键。

方法三:点击快速访问工具栏中的"保存"按钮。

①保存新建文档

第一次保存新创建的文档时,会显示"另存为"界面,如图 3-6 所示。

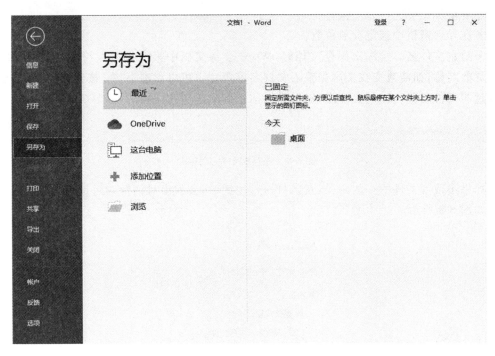

图 3-6　"另存为"界面

　　在界面中选定文档的保存位置,可以选择保存在本地,也可以将文档保存到云。保存在本地可以通过点击"最近""这台电脑"或"浏览"命令完成,此时将会打开"另存为"对话框,如图 3-7 所示。

图 3-7　"另存为"对话框

在对话框中可完成以下操作：

• 在导航窗格中选定存放位置。

• 给定文件名。第一次保存文档时，Word 会将文档中第一行标点符号之前的文字作为文件的名称，如需改变在文本中输入文件名即可。也可以点击下拉 按钮，选择以前已经保存过的文件名称。这里要注意，选择的以前文件名是包含路径的，如图 3-8 所示。

图 3-8　保存到已有文件中

如果不改变文件的存放路径，点击"保存"按钮时，会弹出对话框询问是否想要覆盖原文件。如图 3-9 所示。

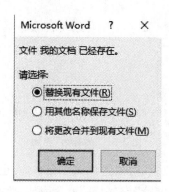

图 3-9　提示对话框

• 确定保存类型。从 Word 2007 开始，文档默认的保存类型为 docx，如果此文档需要在老版本中使用，建议保存为老版本的 doc 文档，需在下拉选项中选择"Word 97－2003 文档"。除了保存 Word 文档外，还可以将文档保存为其他类型，比如纯文本、网页或 Word 模板等，在下拉选项中选择要保存的类型即可。

②保存已有的文档

对已保存过的文档打开并修改编辑后，执行保存操作将不再出现"另存为"对话框，更改过的内容会保存在原来位置上的原文件中。

（2）另存文档

如果想把编辑后的文档存放在另一个位置或另一个文件中，选择"文件"→"另存为"命令，后续操作与保存新文档一样。

通过另存后，编辑后的文档将存放在另一个位置或另一个文件中，原来的文件保持不变。

（3）自动保存文档

为了避免死机或突然断电等意外情况下造成的文档数据丢失，Word 提供了自动保存文档的功能，设置了自动保存文档后，Word 将按设置的时间间隔自动对文档进行保存。Word 2019 默认开启了自动保存功能，并将时间间隔设定为 10 分钟。通过"文件"→"选项"→"保存"进行设置，如图 3-10 所示。

Word 选项　　　　　　　　　　　　　　　　　　　　　　　　?　×

常规
显示
校对
保存
版式
语言
轻松访问
高级

自定义功能区
快速访问工具栏

加载项
信任中心

💾　自定义文档保存方式。

保存文档

将文件保存为此格式(F):　　Word 文档 (*.docx)　　　▼

☑ 保存自动恢复信息时间间隔(A)　10　　分钟(M)
　　☑ 如果我没保存就关闭,请保留上次自动恢复的版本(U)

自动恢复文件位置(R):　C:\Users\80649\AppData\Roaming\Microsoft\Word\　　　浏览(B)...

☐ 使用键盘快捷方式打开或保存文件时不显示 Backstage(S)

☑ 显示其他保存位置(即使可能需要登录)(S)。

☐ 默认情况下保存到计算机(C)

默认本地文件位置(I):　　C:\Users\80649\Documents\　　　　　浏览(B)...

默认个人模板位置(T):

文档管理服务器文件的脱机编辑选项

不再支持将签出的文件保存到服务器草稿。签出的文件现将保存到 Office 文档缓存。

了解详细信息

服务器草稿位置(V):　C:\Users\80649\Documents\SharePoint 草稿\

共享该文档时保留保真度(D):　　　新文件　　　▼

☐ 将字体嵌入文件(E) ⓘ
　　☑ 仅嵌入文档中使用的字符(适于减小文件大小)(C)
　　☑ 不嵌入常用系统字体(N)

确定　　取消

图 3-10　自动保存

3.1.2.4　关闭文档

关闭文档是指在不退出 Word 2019 的前提下,关闭当前正在编辑的文档,操作方法为:选择"文件"选项卡的"关闭"命令,或按 Ctrl＋W 组合键。

注意:如果同时打开多个 Word 窗口,当执行关闭操作时,会关闭当前操作的窗口。

3.1.2.5　保护文档

Word 对机密、重要的文档提供了保护功能,可以限制其他人对此文档的查看或更改。

选择"文件"选项卡中的"保护文档",在下拉选项中选择对文档保护的操作。如图 3-11 所示。

3.1.3　页面设置

3.1.3.1　纸张大小

Word 的默认的纸张是 A4,是目前最常用的纸张尺寸,大小为 21cm×29.7cm,适用于大多数文档。但是如果用户要将

保护文档
控制其他人可以对此文档

始终以只读方式打开(O)
询问读者是否加入编辑,防止意外的更改。

用密码进行加密(E)
用密码保护此文档

限制编辑(D)
控制其他人可以做的更改类型

限制访问(R)
授予用户访问权限,同时限制其编辑、复制和打印能力。

添加数字签名(S)
通过添加不可见的数字签名来确保文档的完整性

标记为最终状态(F)
告诉读者此文档是最终版本。

图 3-11　保护文档

文档打印到其他尺寸的纸张上,就需要设定纸张大小。Word 中内置了一些常用的纸张大小,还可以自定义纸张大小,如果不使用默认尺寸,建议在编辑文档前先进行设定。

(1)使用内置纸张大小

切换到"布局"选项卡,单击"页面设置"组中的"纸张大小"按钮,在展开的下拉框中选择需要的纸张。如图 3-12 所示。

(2)自定义纸张大小

如果内置的纸张尺寸不满足需求,可以选择下拉选项中的"其他纸张大小",在打开的"页面设置"对话框中进行设置。单击纸张下拉按钮,在下拉框中选择"自定义大小",再分别设置纸张的宽度和高度。

3.1.3.2 纸张方向

纸张方向为页面提供了纵向或横向的版式,需要修改可切换到"布局"选项卡,单击"页面设置"组中的"纸张方向"按钮,在列表中选择"纵向"或"横向",此时设定的纸张方向将作用于整篇文档。如果只想应用于某些页面,单击"页面设置"组右下角的"对话框启动器" ,打开"页面设置"对话框,在"应用于(Y)"下拉框中选择"插入点之后",设置的纸张方向将应用于插入点的下一页。

例如:设置的纸张方向为横向,应用于插入点之后。设置结果如图 3-13 所示。

图 3-12 设置纸张大小

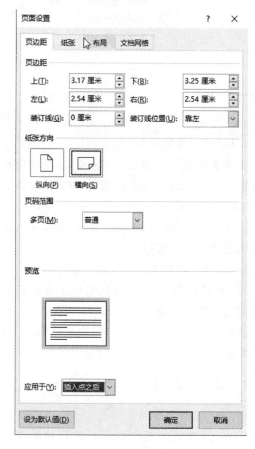

图 3-13 设置纸张方向

3.1.3.3　分栏

分栏就是把页面的文字分成几列排列,使页面内容紧凑而美观,常用于对图书、报纸、试卷等排版中。

(1)使用预设分栏

Word 2019 提供了几种预设分栏样式,换到"布局"选项卡,单击"页面设置"组中的"栏"按钮,在展开的下拉框中选择预设的分栏。

(2)自定义分栏

在"栏"下拉框中选择"更多栏",在打开的"栏"对话框中可以自定义分栏数,并可以设置每一栏的栏宽以及相邻栏之间的间距、分隔线等。如图 3-14 所示。

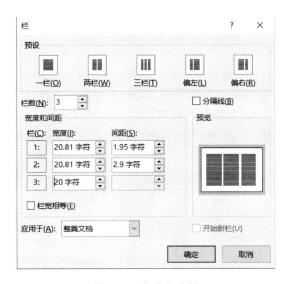

图 3-14　自定义分栏

! 提示:

①可以分多栏,栏数跟页面大小以及页面方向有关。

②可以对选定的文本进行分栏。

3.1.4　输入文本

在输入文本时,要清楚这段文本要输入在哪个位置,如何选用自己习惯的输入法进行输入。

3.1.4.1　定位插入点

在 Word 文档中单击鼠标左键,点击处出现闪烁的竖直线时,该处就是插入点。插入点实际上就是当前的输入位置,用户想在哪个位置上开始输入文本,就在这个位置上单击鼠标左键。

3.1.4.2　输入模式

Word 输入模式分为插入模式和改写模式。选择插入模式时,键入的文字会插入到当前插入点位置;选择改写模式时,键入的文字会覆盖插入点后的内容。按 Insert 键或单击状态栏上的插入/改写来切换这两种模式。如果状态栏上没显示输入模式,可自定义状态栏进行设置。

3.1.4.3　使用输入法输入文本

（1）输入英文

按 Ctrl＋空格组合键，或点击 Windows 任务栏上的中/英文模式按钮，切换到英文输入模式。

选中输入的英文单词或句子，反复按 Shift＋F3 组合键，英文字符会在首字大写、全部大写或全部小写这三种格式间转换。

（2）输入中文

按 Ctrl＋Shift 或 Windows 键＋空格组合键，点击 Windows 任务栏上的输入法进行切换。

3.1.4.4　输入特殊符号、公式

（1）输入符号

使用键盘只能输入一些常见的中、英文符号，比如中英文逗号、句号、引号等，对于很多特殊符号无法直接使用键盘输入，如果要在 Word 中输入特殊符号，有两种常规方法。

方法一：利用 Word 2019 提供的符号集

切换到"插入"选项卡，单击"符号"组中的"符号"按钮，在展开的下拉列表中选择文档中已使用过的符号，如果要输入列表中没有的符号，点击"其他符号"选项，打开"符号"对话框。如图 3-15 所示。

图 3-15　"符号"对话框

在对话框中，Word 提供的字符按分类依次排列在列表框中，上下移动右侧滚动滑块可以快速查看，通过点击"子集"下拉按钮选择字符所在的子集，可以在列表中快速定位到该子集所包含的字符。列表框下方展示了近期使用过的符号，方便快速使用。如果要设置字符的字体，点击"字体"下拉按钮进行选择。例如在文档中输入数学运算符"∞"，操作步骤如下。

①确定插入点;

②点击"插入"→"符号",打开符号对话框;

③在"子集"下拉列表框中选择"数学运算符";

④选中∞符号;

⑤点击"插入"按钮。

方法二:使用软键盘

有些中文输入法中提供了软键盘 $\boxed{\text{S中°,☺🎤⊞≡📋📊}}$,单击软键盘按钮,打开软件盘,右击软键盘,可选择字符集。

(2)输入公式

①切换到"插入"选项卡,或单击"公式"按钮旁边的下拉按钮,在弹出的下拉列表中选择需要插入的公式,如果要输入新公式,选择"插入新公式"命令,如图 3-16 所示。

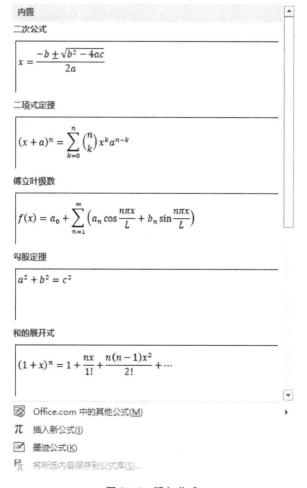

图 3-16 插入公式

②在"符号"命令组里单击"公式"按钮,插入新公式。

选择插入新公式后,将自动切换到"设计"选项卡,该功能区里提供了几组公式编辑的命令,可根据需要选择,并将公式键入到指定的输入框中,如图 3-17 所示。

图 3-17 　公式输入框

3.1.5 　文本编辑

文本编辑包括对文本复制、删除、移动、查找和替换等操作。

3.1.5.1 　选定文本

在 Word 中要对文本进行编辑、格式设置等操作之前，必须先选定文本，快速地选定文本，可以加快对文本的编辑速度。

（1）使用鼠标选定文本

①选定任意文本

光标定位在选定文本的第一个字，按住鼠标左键不放，拖动鼠标选定文本。

②选定一行文本

鼠标在该行第一个字的前面左键单击，按住左键不放，直接向右选到该行末尾即可，或将光标移至段落首字，按住"Shift"不动，在行尾最后一个字点击鼠标左键。

③选定一段文本

光标移至段落首字，按住"Shift"不动，在段落最后一个字点击鼠标左键；或在该段的任意位置快速双击鼠标左键。

④选定整篇文档

光标随便定位到文本任意位置，按"Ctrl＋A"组合键，即选定整个文本。

⑤选定矩形区域文本

首先将鼠标指针移至该区域的左上角，按住 Alt 键，然后按住鼠标左键向区域的右下角拖动。

（2）使用选择区选择文本

选择区是位于文档窗口左端至文本之间的空白区域，当把鼠标指针移至选择区时，鼠标指针会变成一个向右的箭头，再按以下操作选择文本。

①要选定一行文本，单击该行左侧的选择区；

②要选定一段文本，双击该段左侧的选择区；

③要选定多行文本，将鼠标指针移至第一行左侧的选择区中，单击并按住鼠标左键在选择区中拖动；

④要选定整个文档，按住 Ctrl 键，再单击选择区，也可以三击鼠标左键。

（3）用扩展选定方式选定文本

在 Word 文档中按一下 F8 键，可以启动 Word 中的"扩展选定范围"功能。

当扩展选定功能启用后，把鼠标点向哪里，相应的文本就选择到哪里。在扩展选定功能启用后再按一下 F8 键，将选取一个字；按两下 F8 键，选取一个句子；按三下 F8 键，选取一段；按四下 F8 键，全选。停用扩展功能按 F6 键。

3.1.5.2 　删除、移动和复制文本

删除、移动和复制文本是 Word 的基础操作，掌握快捷键和方法，能够显著提升编辑文本的速度和质量。

（1）删除文本

可以按 Backspace 退格键或 Delete 删除键。Backspace 键删除光标前面的字符，Delete 键删除光标后面的字符。

（2）移动文本

移动文本有以下几种操作方法。

①使用鼠标：选中需要移动的文本，点鼠标左键按住选中的文本不动，移动至合适的位置。

②使用快捷键：选定文本，按 Ctrl＋X 剪切，再将光标定位到目标位置，按 Ctrl＋V 粘贴。

③使用快捷菜单：选定文本，右击鼠标弹出快捷菜单，在菜单中选择"剪切"命令，再将光标定位到目标位置，右击鼠标弹出快捷菜单，在菜单的"粘贴选项"中选择一种粘贴方式。如图 3-18 所示。

这四个选项分别指粘贴时保留源格式、合并格式、图片、只保留文本。

• 保留源格式：粘贴时除了粘贴文本还保留选定文本的格式；

• 合并格式：粘贴时将自动匹配当前位置的格式（包括字体及大小）；

• 图片：粘贴为图片；

• 只保留文本：粘贴时只留下普通、无格式的文本。

图 3-18　粘贴选项

④使用功能区

• 选定文件，单击"开始"→"剪贴板"→"剪切" ✂ 按钮。

• 移动到目标位置，单击"开始"→"剪贴板"→"粘贴"按钮（也可以点粘贴下拉按钮，在粘贴选项中选择粘贴方式）。

（3）复制文本

①使用鼠标：选中需要移动的文本，按住 Ctrl 键和鼠标左键拖动选中的文本，移动至合适的位置。

②使用快捷键：选定文本，按 Ctrl＋C 复制，再将光标定位到目标位置，按 Ctrl＋V 粘贴。

③使用快捷菜单：选定文本，右击鼠标弹出快捷菜单，在菜单中选择"复制"命令，再将光标定位到目标位置，右击鼠标弹出快捷菜单，在菜单的"粘贴选项"中选择一种粘贴方式。

使用功能区：

• 选定文件，单击"开始"→"剪贴板"→"复制" 🗐 按钮。

• 移动到目标位置，单击"开始"→"剪贴板"→"粘贴"按钮（也可以点粘贴下拉按钮，在粘贴选项中选择粘贴方式）。

3.1.5.3　撤销与恢复

在编辑文本出现错误的时候,时常用到撤销与恢复,以快速纠正错误和恢复文本。

方法一:使用快捷键:撤销快捷键"Ctrl＋Z",撤销当前操作,可多次撤销。恢复快捷键"Ctrl＋Y",可多次恢复。

方法二:利用快速访问工具栏中的撤销和恢复 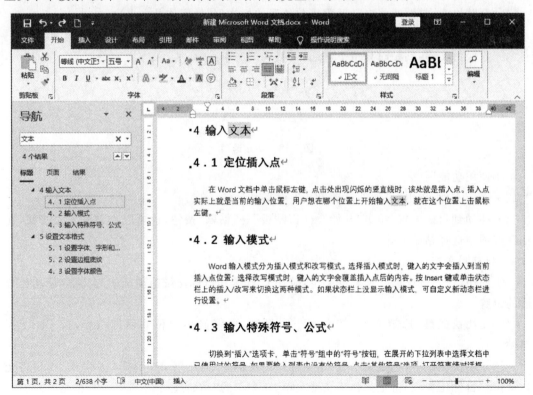 按钮。

3.1.5.4　查找与替换文本

查找与替换是经常使用的命令,能够在文档中快速查找指定的文本、格式、图形等对象,并能将查找到的内容替换为新的内容。

(1)查找

切换到"开始"选项卡,单击"编辑"组中的"查找"按钮,也可以直接按"Ctrl＋F"组合键,此时将打开"导航"窗格。

"导航"窗格中有"标题"、"页面"和"结果"三个选项卡,作用为分别按标题浏览文档,按页浏览文档以及查看查找结果。

例如在文档中查找"文本"两个字,用户只需要在文本框中输入"文本",Word 会自动在全文本中搜索"文本"两个字,并将找到的结果高亮显示,如图 3-19 所示。

图 3-19　使用导航窗格查找内容

在导航窗格中的三个选项卡中均可查看到查找到的结果,单击某个结果可在文档中进行查看,也可以通过单击文本框下方的向上、向下箭头 在文档中浏览所有查找的结果。

Word 2019 还可以查找图形或表格等对象,方法是:单击文本框右边下拉按钮,在展开的列表中进行选择。如果要查找指定的格式,可在展开的列表中选择"高级查找",然后在打开的"查找和替换"对话框中单击"格式"按钮,可按指定格式进行查找;单击"特殊格式",可以在文档中查找诸如分节符、分栏符等特殊格式的符号。

! 提示:选择"标题"选项卡浏览文档之前,先对文档正文中的标题应用标题样式。

(2)替换

当用户要对文档的某个内容做统一修改时,使用查找和替换是最快的方法。切换到"开始"选项卡,单击"编辑"组中的"替换"按钮。也可以直接按"Ctrl+H"组合键,此时将打开"查找和替换"对话框。在对话框中给定要查找的内容以及替换的内容,可选择全部替换成修改后的内容,也可以根据需要替换部分内容。

例:将文档中的"文本"修改为"文本符号"。

①打开"查找和替换"对话框。

②在"查找内容"文本框中输入"文本"两个字。

③在"替换为"文本框中输入"文本符号"。

④如果要全部修改,单击"全部替换"按钮,否则进入第⑤步。

⑤单击"查找下一处"按钮,Word 会在当前插入点位置向后查找到第一个匹配的内容,并自动选中此内容。

⑥如果此处需要修改,单击"替换"按钮。

⑦重复第⑤步和第⑥步,就可以替换所有要修改的内容,如图 3-20 所示。

图 3-20 查找和替换

！提示：导航窗格中，单击文本框右边的下拉按钮，在展开的列表中选择"高级查找"也可以打开"查找和替换"对话框。

3.1.6　设置文本格式

文本格式设置包括设置字体、字形、字号等，使文档整洁美观、标题重点突出，设置文本格式的命令在"开始"选项卡中。在设置文本格式之前，要先选定文本。

3.1.6.1　设置字体、字形、字号和颜色

Word 2019 默认的中文文本格式为等线（中文正文）、5 号。设置文本字体、字形和字号的方法如下。

（1）使用功能区

"开始"选项卡中"字体"组提供了一组对文本格式设置的命令，如图 3-21 所示。

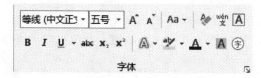

图 3-21　字体设置

①设置字体：单击"字体"_{等线（中文正}·右侧下拉按钮，在展开的字体列表中选择所需要设置的字体。

②设置字形：Word 字形包括常规、倾斜、加粗、加粗倾斜四种。单击"B"按钮设置/取消加粗，单击"I"按钮设置/取消倾斜。

③设置字号：单击"字号"五号·右侧下拉按钮，在展开的字号列表中选择所需要设置的字号，也可以直接单击 A⁺ A⁻ 按钮来增大或缩小字号。

④设置字体颜色：单击"字体颜色"A·下拉按钮，在展开的颜色选项中选择所需要设置的颜色。

（2）使用浮动工具栏

选择文本后，会出现浮动工具栏，如图 3-22 所示。可以快速地对字体字形字号和颜色进行设置。

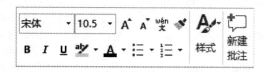

图 3-22　浮动工具栏

（3）使用字体对话框

单击"字体"组中的"对话框启动器"，或右击选中的文本，在弹出的菜单中选择"字体"，可打开"字体"对话框，如图 3-23 所示。分别在字体、颜色下拉框、字形字号列表框中选择。

3.1.6.2　设置下划线、边框底纹

设置下划线、边框底纹可以凸显出重要的文本，与其他内容区别开。

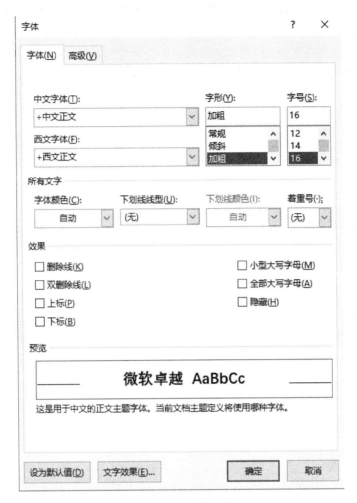

图 3-23 "字体"对话框

（1）设置下划线

①添加下划线。选择文本，单击"字体"组或浮动工具栏中的"U"按钮，给选定的文本添加下划线。

②设置线型及线颜色。单击"字体"组"U"右边的下拉按钮，在展开的列表中选择线型以及下划线颜色。或在"字体"对话框中单击"下划线线型"下拉按钮选择线型，然后在"下划线颜色"下拉框中选择颜色。例如给文字设置红色虚划线，效果如图 3-24 所示。

微软卓越 AaBbCc

图 3-24 设置下划线

（2）设置边框底纹

设置边框和底纹的方法主要有以下几种。

方法一：单击"字体"组中 A 按钮给选中文本设置底纹；单击 A 按钮，给选中文本设置边框。

　　方法二：选择"开始"选项卡，单击"段落"组中的"油漆桶" 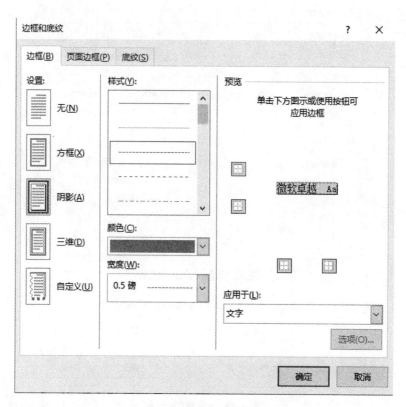（此图标）下拉按钮，选择需要的颜色作为字符的底纹。

　　方法三：单击 ⊞▾ 下拉按钮，在展开的列表中选择"边框和底纹"，打开"边框和底纹"对话框，在对话框中可以选择边框的样式、线型样式、颜色、宽度和底纹，设置效果如图 3-25 所示。

图 3-25　设置边框和底纹

　　注意：对于边框底纹的设置，可以应用于段落与文字两种，二者区别较大，应多多练习。

3.1.6.3　设置字间距

　　所谓字间距就是两个字之间的距离，排版时对 Word 字间距进行一些调整，可以使排版更加美观。

　　选择"开始"选项卡，单击"字体"组中"对话框启动器"，或单击右键，在弹出的快捷菜单中选择字体，打开"字体"对话框，在对话框中选择"高级"选项卡，可对字符设置缩放、间距和位置等，如图 3-26 所示。

　　①缩放：文本高度不变的情况下，在水平方向的伸缩比。

　　②间距：有标准、加宽和紧缩三种间距，在间距下拉框中进行选择，并且可以在磅值微调框中输入字符间距的磅值，或是单击磅值微调按钮调整间距磅值。

　　③位置：可选定文本相对于水平基线的位置，有标准、上升和下降三个选项，默认为标准，还可以通过磅值来进行微调。

图 3-26　设置字间距

3.1.7　设置段落格式

段落由一到多行所组成,输入时按下回车键就标志着当前段结束了。设置段落格式对文档的美观性起着非常重要的作用。

3.1.7.1　设置缩进和间距

(1)设置左右缩进

缩进就是文本与页面左右边界之间的距离。

①"开始"选项卡"段落"组中提供了"减少缩进量"和"增加缩进量"命令,能够设置插入点所在段落的左侧缩进量。

②单击"段落"组中"对话框启动器"打开"段落"对话框,可设置段落左侧和右侧的缩进量。

(2)两个特殊的缩进

①行首缩进:设置段落第一行行首的起始位置。

②悬挂缩进:设置段落除第一行以外其余行的起始位置。

"段落"对话框中,单击特殊下拉按钮,可设置行首缩进或悬挂缩进,默认缩进值为 2 个字符,如图 3-27 所示。

图 3-27　设置缩进

！提示：段落开始输入两个空格和设置行首缩进是有区别的，如果不设置行首缩进，只是在段落首行输入两个空格，虽然 Word 会默认以开头空格作为首行缩进，但当调整文字大小后，空格缩进会随之而变化，造成段落排列不整齐，就需要再次调整。所以建议在对话框中设置行首缩进。

（3）设置间距

间距有段落之间的距离和段落内各行之间的距离之分。其中段落间的距离分为段前与段后距离，即与前一段或后一段之间的距离；段落内各行之间的距离为行距。如图 3-28 所示，两种间距的设置方法如下：

方法一：切换到"开始"选项卡，单击"段落"组中"上下箭头"符号按钮，在下拉框中选择合适的行距。

方法二：打开"段落"对话框，分别在"段前""段后"微调框中设置段前与段后的间距，单击"行距"下拉按钮，在下拉框中选择所需要设置的行距，还可以通过"设置值"微调框来设置行距值。

图 3-28　设置间距

3.1.7.2　设置对齐方式

对齐方式包括左对齐、居中、右对齐、两端对齐和分散对齐，合理应用该设置，可满足文档在 Word 中的规范应用。设置方法如下。

方法一：切换到"开始"选项卡，在"段落"组中单击对齐方式按钮，分别可设置左对齐、居中、右对齐、两端对齐和分散对齐。

方法二：打开"段落"对话框，单击"对齐方式"下拉按钮，从选项中选择所需设置的对齐方式。

3.1.7.3　设置首字下沉

首字下沉是指在段落开头创建一个大号字符，在一些特殊文档（比如新闻稿等）中经常

使用,主要是起到增强视觉效果的作用,操作步骤如下:

①将插入点定位到段落中的任意位置。

②切换到"插入"选项卡,单击"文本"组中![图标]下拉按钮,在展开的选项中单击"下沉""悬挂"或者"首字下沉选项"。

③单击"首字下沉选项",将弹出"首字下沉"对话框,可对首字进行字体、下沉行数以及距正文距离的设置,如图 3-29 所示。

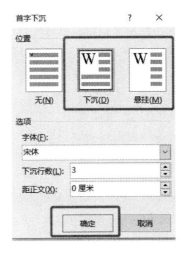

图 3-29　设置首字下沉

3.1.8　格式刷的使用

Word 提供了快速复制格式的工具——格式刷。使用格式刷可以快速将指定段落或文本的格式应用到所选定的段落或文本中。操作步骤如下:

①选择要复制格式的内容,或是将插入点移至要复制的格式内容中的任意位置;

②单击"开始"选项卡"剪贴板"组中的格式刷![图标]按钮。

③选择要应用格式的内容。

3.1.9　设置页面背景

编辑文档的时候,通过设置页面背景可以实现不同的视觉效果。Word 提供了设置页面背景颜色、背景图案、水印和页面边框等功能。

(1)设置水印

水印的类型包括文字水印和图片水印两种,根据需要选择使用预设的水印或自定义水印。

①添加预设水印

Word 2019 预设了机密、紧急、免责声明三种类型的文字水印,切换到选择"设计"选项卡,单击"页面背景"组中"水印"下拉按钮,在展开的列表中根据文件的类型为文档选择所需要的水印。

②自定义水印

在"水印"下拉列表中选择"自定义水印",打开"水印"对话框。在对话框中可以定义文字水印,给定水印文字,并设置字体、字号、颜色、版式等格式;还可以设置图片水印,单击"图片水印"单选钮,然后单击"选择图片"按钮,在对话框中选择图片作为页面的水印。

（2）设置页面颜色

单击"页面背景"组中"页面颜色"下拉按钮,在颜色列表中选中所需要的颜色。如果想使用其他颜色,单击"其他颜色",在打开的"颜色"对话框中选择或自定义想要的颜色。除了设置颜色以外,选择"填充效果"命令,还可以设置页面的"渐变""纹理""图案"和"图片"等填充效果。

（3）设置"页面边框"

页面边框的设置与文字、段落边框设置相同,只是应用的对象不同。单击"页面背景"组中"页面边框"按钮,打开"边框和底纹"对话框,在对话框中选择边框线型样式、颜色、宽度等。

3.1.10　使用文本框

在 Word 中文本框是指一种可移动、可调大小的图形框,在图形框内可以输入文本,并可以像页面文本一样对文本进行各种编辑和格式设置。当我们需要突出显示一段文字时,可以选用文本框。

（1）插入文本框模板

Word 2019 提供了一些文本框模板,使用文本框模板的操作为:

①切换到"插入"选项卡,在"文本"命令组里单击"文本框"按钮;

②从列表中选择需要的模板;

③修改插入到文档中的模板中的文本。

（2）绘制文本框

在文本框下拉框中点击"绘制横排文本框"或"绘制竖排文本框"选项,当鼠标形状变成"十"时,按下鼠标左键不放进行拖动,确定好大小后,放开鼠标左键,这时就在文档中画出了一个矩形区域,然后就可以在文本框中输入文本内容并编辑格式。横排文本框和竖排文本框只是文字方向不同,在"格式"选项卡里点击"文字方向",可更改文字方向。

（3）美化文本框

为了增强视觉效果,可设置文本框的形状样式。选定文本框,切换到"格式"选项卡,在"形状样式"命令组完成对文本框的美化。如图 3-30 所示。

图 3-30　形状样式

单击列表框向上向下按钮,从中选择样式,可快速地设置文本框的轮廓颜色或进行颜色填充。

①形状填充设置:单击形状填充按钮,在下拉列表中可以使用选定的颜色、图片、渐变或纹理来填充文本框内部。

②形状轮廓设置:轮廓设置是对文本框边框进行设置。单击形状轮廓,在下拉列表中选择边框的颜色、边框线的粗细以及边框的线条样式。

③形状效果设置：效果设置是对文本框应用外观效果，可以设置阴影、发光、棱台等效果。图 3-31 展示了几种效果。

图 3-31 形状效果展示

3.1.11 脚注和尾注

脚注和尾注用来对文档中的资料进行注释说明或提供引用。

（1）添加脚注、尾注

脚注一般位于页面的底部，尾注一般位于文档或节的末尾。添加脚注的方法如下。

①将光标定位到需要添加脚注位置。

②切换到"引用"选项卡，在"脚注"组中单击"插入脚注"，这时可看到页面的底部出现了一个横线，横线下方有个编号 1，如图 3-32 所示。

同时，在刚才光标定位的位置上也会有个同样的编号 1。

③在脚注编号 1 后面输入对文档定位处的注释内容。

添加尾注的操作步骤与脚注相同。

（2）删除脚注、尾注

若不需脚注或尾注，不能直接删除脚注或尾注，而需要删除正文中对应的脚注或尾注的标号。

（3）格式设置

如果需要，还可以设置脚注和尾注位置、编号的格式等。将光标移动到脚注或尾注编号的后面，右击打开快捷菜单，在菜单中点击"便笺选项"，打开"脚注和尾注"对话框，如图 3-33 所示。单击"脚注"下拉按钮，设置脚注的位置为"页面底端"或"文字下方"，单击"编号格式"下拉框中选择所需的编号格式。

图 3-32 脚注

图 3-33 脚注和尾注格式设置

3.1.12 页眉与页脚

（1）插入页眉/页脚

页眉和页脚中可以插入文本或图形，通常用于显示页码、日期、公司徽标、文档标题、文件名或作者名等文档的附加信息。页眉是文档中每个页面的顶部区域，页脚是文档中每个页面的底部的区域。插入页眉和插入页脚的步骤相同，以下只给出插入页眉的步骤。

①切换到"插入"功能区，在"页眉和页脚"组中单击"页眉"按钮。

②在展开的下拉列表中单击要使用的页眉样式。

③在文档的页眉处输入页眉内容。

（2）删除页眉/页脚

当文档中不需要页眉或页脚时，可以用以下两种方法将插入好的页眉/页脚进行删除。

方法一：选中页眉/页脚，按 Delete 键。

方法二：将插入点移至页眉/页脚处，单击"页眉和页脚"组中"页眉"或"页脚"按钮，在弹出的下拉框中选择"删除页眉"或"删除页脚"。

总 结

任务 3.2　制作红色海报

学习目标：

1. 熟练掌握图片、形状的插入和编辑；

2. 掌握艺术字、SmartArt 等对象的插入和设置；

3. 能够将文字和图形图片完美地排列在一起。

思政小讲堂：

中国人民解放军诞生于 1927 年 8 月 1 日的南昌起义。名称由中国工农革命军改称为红军，抗日战争时改为八路军，后又改为新四军，解放战争时改称为人民解放军。在制作海报时，要了解历史，了解文档设置的规范，内容、风格紧扣主题。

视频资源：

制作红色海报

 任务描述

在建军节来临之前，需要制作建军节纪念海报，展示中国人民解放军的发展历程，让我们深刻认识到中国革命历程的艰辛和伟大，并且向最可爱、最敬佩的人送上最真诚的祝福。

任务书

海报排版格式要求如下：

(1)选取一张有关建军方面的图片作为背景图。要求图片不能重复平铺到整个页面，影响版面的美观。

(2)海报题目要醒目，说明是多少周年的纪念。使用艺术字，字号较大，起到突出和美化的作用。

(3)年份选用较小的字号，居中。

(4)中国人民解放军军旗和军徽上都带五角星图标和八一字样，表示中国共产党领导的中国人民解放军诞生于 1927 年 8 月 1 日。插入带八一字样的图片，突出中国人民解放军的纪念日。

(5)插入图形并添加文字，通过颜色的设置增加美感和视觉上的效果。

(6)使用 SmartArt 图形展示中国人民解放军发展历程，图文并茂、一目了然。

(7)设置图形图片文字环绕方式，使文字和图形图片能够很好地呈现。

(8)内容部分选用较小的字号，设置左右缩进，使排版更美观。

排版的效果如图 3-34 所示。

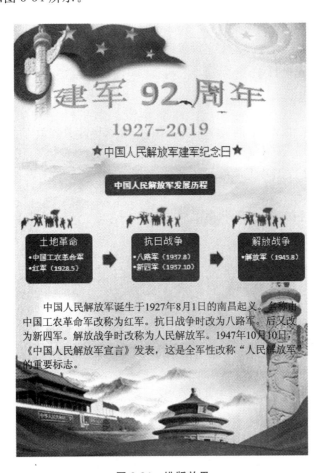

图 3-34　排版效果

获取信息

引导问题1：完成以下填空。

（1）在 Word 2019 中可以插入_____图片和_____图片。

（2）Word 2019 编辑状态，选中图片、形状等对象时，边框的圆点的作用是_____，鼠标按住旋转 按钮，可以_____。

（3）嵌入型对象只能作为_____参与排版，不能被自由移动。

任务实施

1．添加背景图片

引导问题2：在 Word 编辑状态，要想将一张图片放到当前文档中，应当使用_____选项卡中的命令按钮。

引导问题3：如何美化图片？

2．插入艺术字

引导问题4：如何对插入的艺术字设置阴影效果？

3．图文排列

引导问题5：如果在 Word 的文字中插入图片，那么图片只能放在文字的（　　）。

A．左边　　　　　　B．右边　　　　　　C．下面　　　　　　D．以上三种都可以

引导问题6：想要在图片上面添加文字，操作是_____。

4．插入形状

引导问题7：如何在插入的形状中添加文字？

引导问题8：在 Word 中，按下_____键的同时，逐个单击各个图形对象，可以将多个图形组合成一个整体。

5．插入 SmartArt 图形

引导问题9："设计"选项卡包含哪些对 SmartArt 图形的设置功能？

引导问题10：文本窗格的作用是什么？

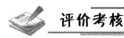

项目名称	评价内容	评价分数		
		自我评价	互相评价	教师评价
职业素养考核项目	劳动纪律			
	课堂表现			
	合作交流			
专业能力考核项目	学习准备			
	引导问题填写			
	完成质量			
	是否按时完成			
	规范操作			
综合等级		教师签名		

注：评价等级分为 A（优秀）、B（良好）、C（合格）、D（努力）4 个。

 任务相关知识点

3.2.1　图片的应用

在文字中适当加以图片，能够使文档变得更有吸引力。Word 文档除了可以添加图片以外，还能对图片加以编辑和排列。

3.2.1.1　插入图片

在 Word 中可以插入本地图片和联机图片。插入本地图片的步骤如下。

①将插入点移至要插入图片的位置；

②切换到"插入"选项卡，单击"插图"组中"图片"下拉按钮，在展开的列表中单击"此设备"选项，打开"插入图片"对话框；

③在对话框中查找要插入的图片，点击"插入"按钮。

④在弹出的窗口中选中需要的图片，再点击"插入"按钮，图片就插入到文档中了。

3.2.1.2　屏幕截图

使用 Word 屏幕截图可以快速地在文档中插入可用的视窗，还可以进行屏幕剪辑。操作步骤如下。

①单击进入"插入"选项卡；

②在"插图"组中单击"屏幕截图"，如图 3-35 所示。

③如果当前屏幕上有多个未最小化的程序，这些程序窗口图片将显示在"可用的视窗"中，单击其中一个，这个视窗图片就自动插入到当前的文档中。

④如果选择"屏幕剪辑"，此时将返回到桌面，并且鼠标的光标变成十字形，按住鼠标左

图 3-35　屏幕截图

键并拖动选取要截取的部分，释放鼠标左键，选取的部分将以图片插入到当前 Word 文档中。

！提示：Word 屏幕截图不能对当前编辑的文档自身进行截图。

3.2.1.3　图片格式设置

在 Word 文档中，可以对插入的图片进行编辑、美化，使之呈现出更好的效果。

（1）编辑图片

①调整图片大小和角度

• 任意调整大小和角度。选中图片，图片的边框会出现 8 个白色圆圈，称为调整控制点，用来调整图片的大小，顶部"环形箭头"为旋转控制柄，用来调整图片的角度。如图 3-36 所示。将鼠标放于控制点上，当鼠标变为双向箭头时按住鼠标左键拖动，可改变图片大小；将鼠标移动至旋转控制柄处，当鼠标变成环形箭头时，按下鼠标左键不动，此时可拖动鼠标，调整到满意的角度后松开鼠标。

图 3-36　图片控制柄

• 精确调整大小和角度。选中图片，切换到"格式"选项卡，在"大小"组中形状高度和形状宽度微调框中输入数值或单击上下按钮来精确设置图片的大小。

选中图片，右击鼠标，在弹出的快捷菜单中选择"大小和位置"命令，或单击"大小"组的对话框启动器，打开"布局"对话框，分别在高度、宽度和旋转微调框中输入数值，可对图片大小和旋转角度进行精确设置。也可以按缩放比例来调整图片的大小，如图 3-37 所示。

！提示：一张图片精确设置好大小以后，依次选择其他图片，再按 F4 键，即可快速统一图片大小。

图 3-37　精确调整图片大小与角度

②裁剪图片

复制或插入的图片如果不满足要求,可以通过裁剪图片,修改图片的内容,使之符合要求。

选中图片,切换到"格式"选项卡,单击"大小"组中"裁剪"按钮,此时图片四边出现黑色的粗虚线框,把鼠标移到虚线框的其中一段或一个直角上,当鼠标指针变成和虚线框段或直角同样的形状时,按住左键往里移动,移动到要裁剪的位置后,按任意键或在图片外单击鼠标,就可以裁剪掉当前鼠标位置以外的阴影区域,如图 3-38 所示。

图 3-38　裁剪

　　Word 2019 还可以按比例裁剪，或将图形裁剪成指定的形状。单击"大小"组中"裁剪"下拉按钮，在展开的下拉列表中选择"纵横比"或"裁剪为形状"选项，就可以按指定的比例裁剪图片，或将图片裁剪成选定的形状，如图 3-39、图 3-40 所示。

图 3-39　按比例裁剪　　　　　　　　　　　　　　图 3-40　按形状裁剪

③更改图片

Word 可以快速将已插入的图片更改为一张新的图片，方法有以下两种。

方法一：单击图片，切换到"格式"选项卡，单击"调整组"中"更改图片"的下拉按钮，展开的下拉列表中有四种选择，依次为"来自文件""来自在线来源""从图标"和"自剪贴板"，选择任意一种来源方式，即可替换已选中的图片。

方法二：右击图片，在弹出的快捷菜单中选择"更改图片"，展开的子菜单有四项，与方法一中下拉列表的选项一致，从中选择一种来源方式的图片来替换选中的图片。

！提示："自剪贴板"选项需要先复制一个替换原图才可以被选择，否则为灰色，无法选中。

④删除背景

从 Word 2010 开始，新增了删除背景的功能，能够删除图片中主体周围的背景。操作步骤如下：

•双击选中图片，选中"格式"选项卡；

•在"调整"组中单击"删除背景"；

•在"背景消除"选项卡中，单击"标记要保留的区域"或"标记要删除的区域"按钮，在需要保留或删除的区域按住鼠标并拖动，完成标记后释放鼠标，这时图片就只保留或删除选定的区域。如果不想做任何更改必须点击"放弃所有更改"按钮，按 Esc 键无效。

（2）美化图片

在文档中可以对插入的图片继续美化，比如调整图片的样式、颜色、对比度等方式，增加美感。

①设置图片样式

Word 2019 预定义了多种样式，选中图片，切换到"格式"选项卡，将鼠标悬停在快速样式中的某个样式,即可预览某个样式的效果,单击这一样式则可将此样式应用于选中图片。如果要浏览所有样式,单击下拉箭头,如图 3-41 所示:

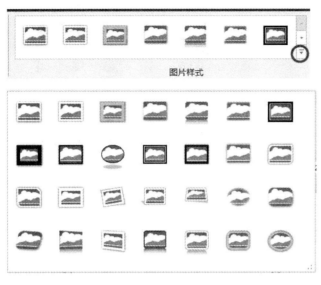

图 3-41　图片样式库

②调整图片颜色、亮度与对比度

• 选中图片,切换到"格式"选项卡,单击"调整"组中"颜色"下拉按钮,列表中提供了对图片"颜色饱和度""色调"和"重新着色"的选项,单击"调整"组中"更正"下拉按钮,在展开的列表中选择需要的锐化/柔化率和亮度/对比度,对图片进行调整。

• 单击"图片样式"组中右下角的"对话框启动器" ⬎ ,打开"设置图片格式"窗格,单击 🖼 按钮,也可对图片的颜色、亮度与对比度进行设置。

③设置图片艺术效果

选中图片,切换到"格式"选项卡,单击"调整"组中"艺术效果"下拉按钮,在列表中选择所需要的图片效果;也可以单击"图片样式"组中右下角的"对话框启动器" ⬎ ,打开"设置图片格式"窗格,单击 ⌂ 按钮,对图片应用视觉效果和艺术效果。

3.2.2　图标的应用

我们经常用图符替代文字来传达信息,比如表达自己高兴通常使用 ☺ 图符。Word 2019 提供了图标库,能基本满足用户的日常需求,图标按类划分,以便于查找使用。

3.2.2.1　插入图标

确定好插入点后,切换到"插入"选项卡,在"插图"组中单击"图标",打开"插入图标"对话框,如图 3-42 所示。

在对话框中可以通过滚动条上下翻动浏览和使用图标,也可以在"搜索图标"文本框中输入文字,快速查找该文字对应的图标并选定使用。例如,要使用时间相关的图标,可输入时间,此时搜索出所有对应时间的图标并列举出来,用户从中单击所需要图标,单击"插入"按钮,即可将该图标插入到指定位置。如图 3-43 所示。

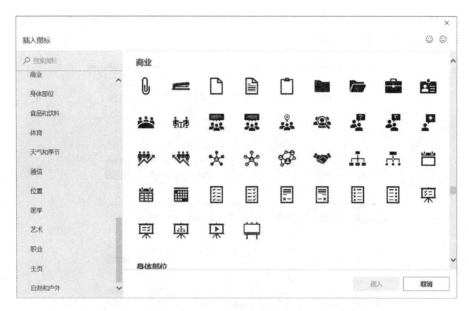

图 3-42　插入图标

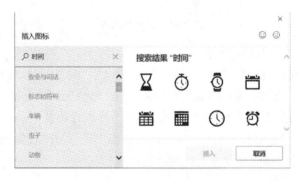

图 3-43　插入时间图标

3.2.2.2　图标格式设置

（1）编辑图标

对图标可以进行裁剪、调整图标大小以及更改图形的操作，与图形的操作相同。除此之外，还可以将图标转换为形状，下面将介绍将图标转换为形状的操作。

选中图标，点击鼠标右键，在弹出的菜单中选择"转换为形状"命令，或在"格式"选项卡"更改"组中单击"转换为形状"按钮，即可将图标转换成形状，从而实现对形状的相关操作，比如编辑形状、编辑文本等。

（2）设置图标样式

可以对插入的图标进行美化，比如指定图标的轮廓颜色、给图标填充颜色以及使图标有阴影或三维效果等，与文本框美化操作相同。选中图标，切换到"格式"选项卡，在"图形样式"组中选择需要的操作命令。

3.2.3　形状、艺术字的应用

如果觉得单一的文本看起来太单调，可以在形状中添加文字，也可以使用艺术字来增加文本的趣味性。

3.2.3.1 插入形状、艺术字

（1）插入形状

Word 2019 提供了线条、矩形、基本形状、箭头、公式、流程图、星与旗帜、标注等几组形状，使用时切换到"插入"选项卡，单击"插图"组中"形状"下拉按钮，在下拉列表中选择需要的形状并在 Word 目标位置中画出形状。

（2）插入艺术字

切换到"插入"选项卡，单击"文本"组中的"艺术字" **A** ▾ 下拉按钮，在下拉列表中选择需要的艺术字并编辑内容，如图 3-44 所示。

图 3-44 插入艺术字

3.2.3.2 形状、艺术字格式设置

（1）编辑形状

①更改形状

• 选中插入的图片，切换到"格式"选项卡→"插入形状"组中"编辑形状"→"更改形状"→选择需要替换的形状。

• 插入的形状如果有控制点，拖拽控制点，可以快速更改图片的形状。如图 3-45 所示，鼠标指向的黄色方块为控制点。

• 选中插入的图片，切换到"格式"选项卡，选择"编辑形状"，在展开的列表中选择"编辑顶点"，这时图形中出现黑色小方块顶点，拖拽任意顶点，改变图形形状，如图 3-46 所示。

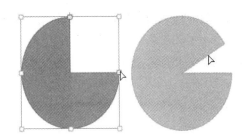

图 3-45 拖拽控制点更改形状

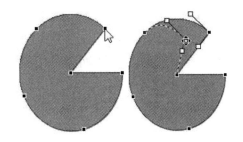

图 3-46 拖拽顶点更改形状

②在形状中添加文字

在文档中经常需要在对象中添加说明性的文字，或是让文字能像图片、形状一样放置在指定的位置，Word 中提供的在形状中添加文字可以实现。

选中已经插入的形状，单击右键，在弹出的菜单中选择"添加文字"，在插入点位置输入文字，如图 3-47 所示。

图 3-47　在形状中添加文字

（2）设置文字方向和对齐方式

①设置文字方向

可以设置文本框、艺术字以及形状中文字的方向，Word 中文字方向有水平方向、垂直方向以及旋转角度的方向。在"格式"选项卡"文本"组中的"文字方向"下拉框中进行选择。效果如图 3-48 所示。

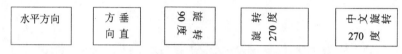

图 3-48　设置文字方向

②对齐文本

形状中文本的对齐方式有三种，分别是顶端对齐、中部对齐和底端对齐，在"格式"选项卡"文本"组中的"对齐文本"下拉框中进行选择。效果如图 3-49 所示。

图 3-49　对齐方式

（3）艺术字样式

可以对艺术字、文本框以及形状中的文本设置艺术字样式。Word 提供多种艺术字样式，单击可以直接应用在选定的艺术字、文本框以及形状中的文字上，也可以通过设置文本的轮廓颜色、文本的填充颜色和文本效果来应用于对象中的文字。

①应用快速样式

单击选中艺术字或有文本的形状，切换到"格式"选项卡，在"形状样式"组的快速样式列表 中选择所需要的样式，点击列表的下拉箭头，可查看全部预设样式，如图 3-50 所示。单击某一样式即可将此样式应用到所选的艺术字或形状中的文本。

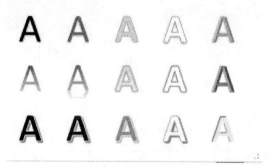

图 3-50　快速样式

②设置形状格式

在"艺术字样式"组,单击"文本填充"下拉按钮,可在列表中选择字的颜色,如图 3-51 所示。

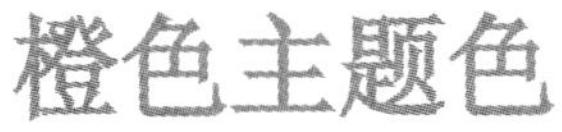

橙色主题色

图 3-51 选择字的颜色

单击"文本轮廓"下拉按钮,可在列表中选择字轮廓的颜色,如图 3-52 所示。如不要轮廓可选择"无轮廓"。

虚线蓝灰色轮廓

图 3-52 选择文本轮廓

单击"文本效果"下拉按钮,可在列表中选择"阴影""映像""发光""棱台""三维旋转"或"转换"等效果,如图 3-53 所示。也可以单击组内右下角"对话框启动器",打开"设置形状格式"窗格进行形状格式设置。

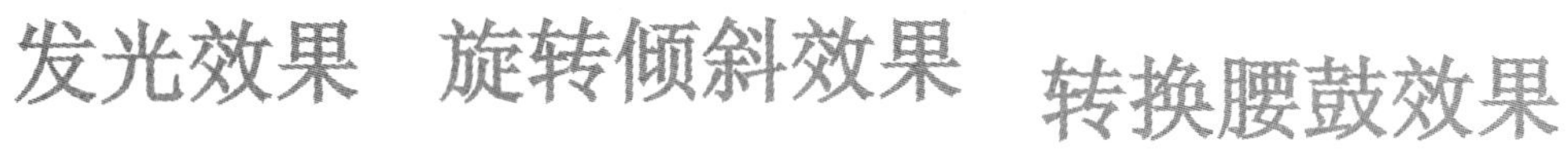

发光效果   旋转倾斜效果   转换腰鼓效果

图 3-53 文本效果

! 提示:文本框、艺术字都是在形状中添加文字,对文本的设置以及形状样式的设置都相同。

3.2.4 SmartArt 的应用

SmartArt 图形是信息和观点的视觉表示形式,通常使用 SmartArt 图形来表示对象之间的从属关系、层次关系等。Word 2019 中预设了列表、流程、循环、层次结构、关系、矩阵、棱锥图和图片八种类型的 SmartArt 图形,每种类型中又包含了多种样式,用户可以根据自己的需要创建不同的图形。

3.2.4.1 插入 SmartArt 图形

切换到"插入"选项卡,单击"插图"组中"SmartArt"按钮,打开"选择 SmartArt 图形"对话框,如图 3-54 所示。根据需要选择类型,再在类型中选择样式,单击"确定"按钮,所选样式的 SmartArt 图形即可插入到光标位置。

例如:某计算机系由系主任管理若干教研室,如软件教研室、网络教研室等,每个教研室里有负责人和若干专兼职教师。要求创建 SmartArt 图形展示其组织关系,并含有图文。

创建 SmartArt 图形的操作步骤如下:

①确定插入点,切换到"插入"选项卡;

②单击"插图"组中"SmartArt"按钮,打开"选择 SmartArt 图形"对话框;

③单击"图片"选项,在样式列表中选择"圆形图片层次结构",如图 3-55 所示;

④单击"确定"按钮,将图形插入到指定位置,样式如图 3-56 所示。

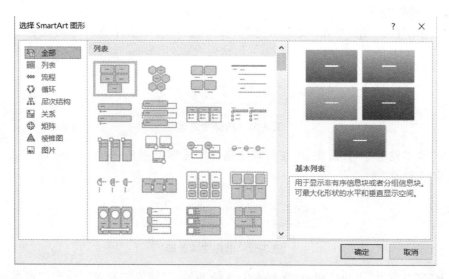

图 3-54　"选择 SmartArt 图形"对话框

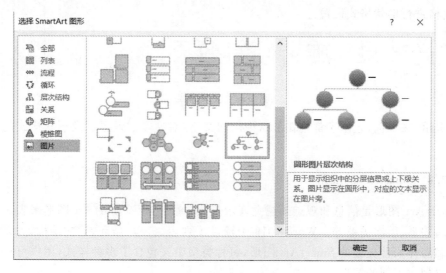

图 3-55　选择"圆形图片层次结构"

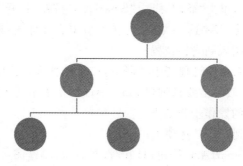

图 3-56　圆形图片层次结构

⑤ 在插入的样式中单击图片，打开"插入图片"对话框，如图 3-57 所示。在本地、联机资源或图标中选择所需要的图片。

图 3-57　在 SmartArt 图形中插入图片

⑥单击样式中的"［文本］"，输入文本信息。也可以选中插入的 SmartArt 图形，切换到 SmartArt"设计"选项卡，单击"创建图形"组中"文本窗格"按钮，在打开的文本窗格中选定要插入的图片和输入文本。如图 3-58 所示。

图 3-58　文本窗格

完成后效果如图 3-59 所示。

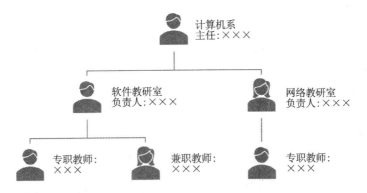

图 3-59　计算机系组织结构图

3.2.4.2　编辑 SmartArt

（1）添加/删除形状

可以对创建好的 SmartArt 图形添加或删除形状，添加形状的方法有如下三种。

方法一：选中形状，切换到"设计"选项卡，单击"创建图形"组中"添加形状"下拉按钮，在下拉列表中选择添加图形的位置。

方法二：右击形状，在弹出的菜单中选择"添加形状"，再在子菜单中选择添加图形的位置。

方法三：选中形状，在文本窗格的文本处按回车键，就会在此形状右侧或下方添加新形状。

例如：在网络教研室前添加大数据教研室。

操作步骤如下：

①打开"文本窗格"；

②将插入点移至窗格中文本"软件教研室负责人：×××"之后，按回车键。也可以使用功能区或快捷菜单完成操作。

③新的形状就添加到软件教研室之后了，如图 3-60 所示。

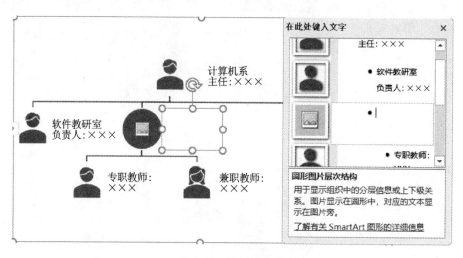

图 3-60　添加新形状

对于不需要的形状可以删除，选中"SmartArt"图形中某个层次的文本框按 Del 键，或在文本窗格中删除文本框中的文字，即可删除对应的形状。

（2）调整形状级别、位置

对于 SmartArt 图形中的项目符号或形状，可以增加或减少它们的级别，可以将所选的内容向前或向后移动，还可以调整 SmartArt 布局的左右位置。在"设计"选项卡"创建图形"组中选择相应命令按钮可实现级别、位置的调整。

3.2.4.3　美化 SmartArt

SmartArt 图形中各组成部分都可以一一进行美化，展示出更丰富的图形表现形式。

（1）版式设置

对插入的"SmartArt"图形，可以更换成另一版式，选中"SmartArt"图形，切换到 Smart-Art 工具中的"设计"选项卡 。在"版式"列表中选择需要改的版式，单击下拉箭头，可查看当前类型中的所有样式，还可以切换到其他布局。

（2）SmartArt 样式

SmartArt 提供了几种快速样式，切换到 SmartArt 工具的"设计"选项卡，单击 Smart-Art 样式列表中的样式，可快速将选定的样式应用到指定的 SmartArt 图形中。

SmartArt 预设了颜色样式，单击"SmartArt 样式"组中"更改颜色"下拉按钮展开列表，列表中展示了几组颜色，根据需要在组中选择颜色样式。

例：设置 SmartArt 图形的样式为"强烈效果"，颜色为"彩色－个性色"，效果如图 3-61 所示。

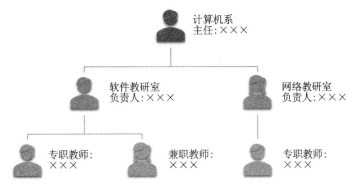

图 3-61　应用样式

（3）设置形状和图形格式

SmartArt 图形中包含了多个形状对象，如果使用了 SmartArt 的图片样式，还包含了图形对象。在美化 SmartArt 图形时，除了使用 SmartArt 预设的样式外，用户还可以分别对 SmartArt 图形中每个对象分别进行格式设置。

①选中 SmartArt 图形，切换到 SmartArt 工具中的"格式"选项卡 ，可对 Smart-Art 图形整体形状进行设置，包括形状的样式，以及 SmartArt 中文字的艺术字样式。设置了形状填充和艺术字样式的效果如图 3-62 所示。

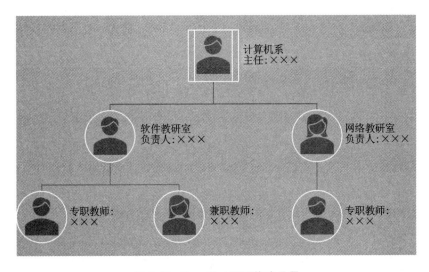

图 3-62　SmartArt 图形格式设置

②选定 SmartArt 图形中某个或某几个形状，切换到 SmartArt 工具中的"格式"选项卡，可对选定的形状进行"形状""形状样式""艺术字样式"等设置。给三个选定形状应用了轮廓样式的效果如图 3-63 所示。

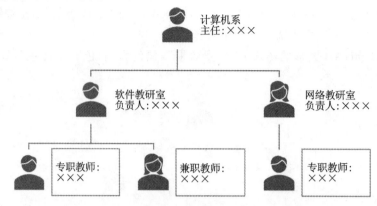

图 3-63　对选定的形状应用样式

③选定一个或多个图形，切换到图形工具中的"格式"选项卡 图形工具 格式，可按对图形操作一样，对 SmartArt 图形中选定的图形进行"图形样式"等格式操作。设置了图形填充的效果如图 3-64 所示。

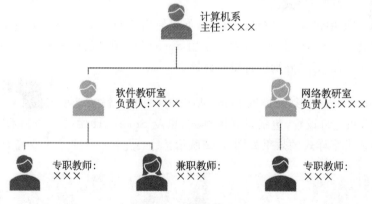

图 3-64　图形填充

3.2.5　图文混排

Word 图文混排用到的基本对象是图片、形状、艺术字、文本框等，排列的方法是对象的环绕方式及上下层叠加的关系设置。

3.2.5.1　位置

对象的位置就是所选对象在页面上显示的位置，分别是顶端、中间和底端左中右或嵌入到文本行的位置。选中对象，切换到"格式"选项卡，单击"排列"组中"位置"下拉按钮，在展开的选项中选择需要设置的位置。如图 3-65 所示。

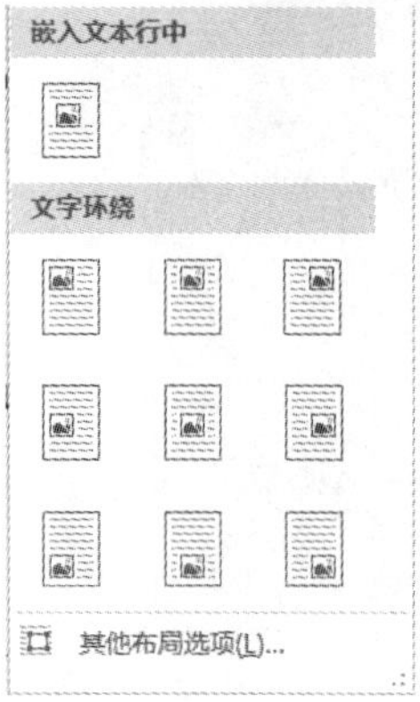

图 3-65　设置对象位置

3.2.5.2　环绕文字

环绕文字是文档中的基础排版,是图片或其他插入对象与文本之间的关系,对象一共有7 种文字环绕方式,分别为嵌入型、四周型、紧密型、穿越型、上下型、衬于文字下方和浮于文字上方。常用的设置方法有三种。

方法一:选中图形→"格式"选项卡→"排列"组中"环绕文字"→下拉选项中选择合适的环绕方式。

方法二:选中图形→右击鼠标→"环绕方式"→选择合适的环绕方式。

方法三:选中图形,单击浮动工具栏,在展开的"布局选项"中选择环绕方法。如图 3-66所示。

图 3-66　环绕方式浮动工具栏

环绕文字效果如图 3-67 所示。

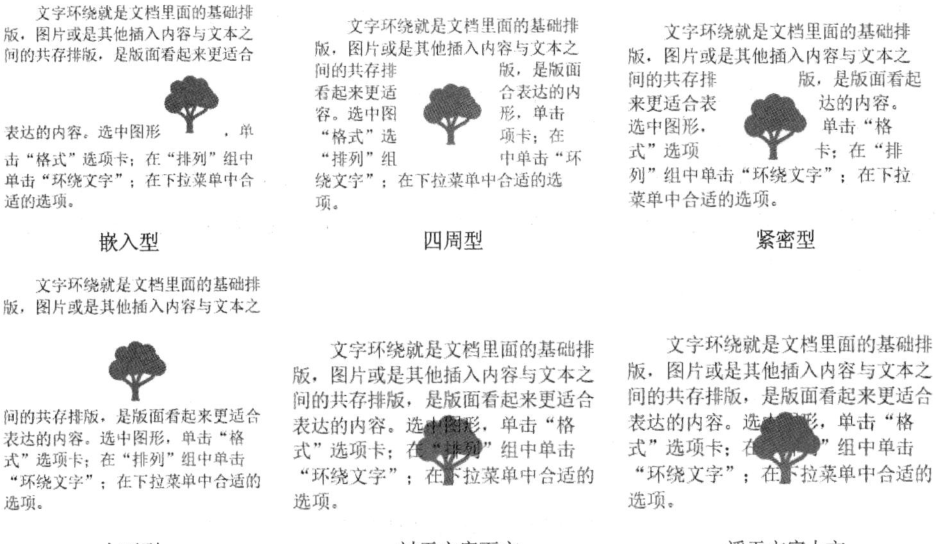

文字环绕就是文档里面的基础排版,图片或是其他插入内容与文本之间的共存排版,是版面看起来更适合表达的内容。选中图形 ,单击"格式"选项卡;在"排列"组中单击"环绕文字";在下拉菜单中合适的选项。

嵌入型

文字环绕就是文档里面的基础排版,图片或是其他插入内容与文本之间的共存排版,是版面看起来更适合表达的内容。选中图形;单击"格式"选项卡;在"排列"组中单击"环绕文字";在下拉菜单中合适的选项。

四周型

文字环绕就是文档里面的基础排版,图片或是其他插入内容与文本之间的共存排版,是版面看起来更适合表达的内容。选中图形;单击"格式"选项卡;在"排列"组中单击"环绕文字";在下拉菜单中合适的选项。

紧密型

文字环绕就是文档里面的基础排版,图片或是其他插入内容与文本之 间的共存排版,是版面看起来更适合表达的内容。选中图形,单击"格式"选项卡;在"排列"组中单击"环绕文字";在下拉菜单中合适的选项。

上下型

文字环绕就是文档里面的基础排版,图片或是其他插入内容与文本之间的共存排版,是版面看起来更适合表达的内容。选中图形,单击"格式"选项卡;在"排列"组中单击"环绕文字";在下拉菜单中合适的选项。

衬于文字下方

文字环绕就是文档里面的基础排版,图片或是其他插入内容与文本之间的共存排版,是版面看起来更适合表达的内容。选中图形,单击"格式"选项卡;在"排列"组中单击"环绕文字";在下拉菜单中合适的选项。

浮于文字上方

图 3-67　环绕方式

！提示：嵌入型对象只能作为字符参与排版，不能被自由移动，只有设置了其他环绕方式才可以自由移动。

如果要进行更详细的设置，可以在"环绕文字"选项中选择"其他布局选项"命令。

3.2.5.3　对象的组合和层次关系

（1）对象的组合

Word 可以将多个对象组合成一个整体，便于移动和格式设置。常用方法有以下两种。

方法一：单击选中某个对象，按住"Ctrl"键不放，鼠标移动至想要组合的对象，单击该对象，选中所有的对象后放开"Ctrl"键，单击右键，选择"组合"，如图 3-68 所示：

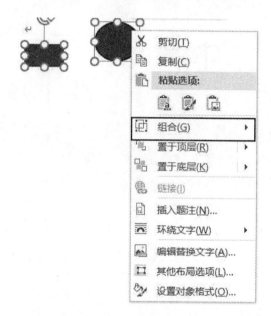

图 3-68　组合对象

方法二：按方法一中的操作选中所有要组合的对象，切换到"格式"选项卡，单击"排列"组中"组合"下拉按钮，选择"组合"命令。

！提示：环绕方式为"嵌入型"的对象不能组合。

（2）对象的层次关系

当需要将多个对象叠放在一起时，往往需要确定哪个对象在上层哪个对象在下层。选定对象后，切换到"格式"选项卡，单击"排列"组中"上移一层"或"下移一层"来设置对象所在的层次，如图 3-69 所示。

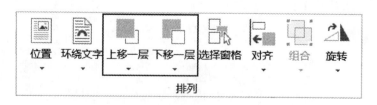

图 3-69　设置对象的层次

对象之间层次关系效果如图 3-70 所示。

方形位于上层　　　　　　　圆形位于上层

图 3-70　对象之间层次关系

总　结

任务 3.3　制作准考证

学习目标：

1.能够创建较复杂的表格；

2.掌握邮件合并相关知识；

3.能够按要求设置文本格式；

4.能够预览合并结果。

思政小提示：

注意邮件合并中的公文格式规范。

视频资源：

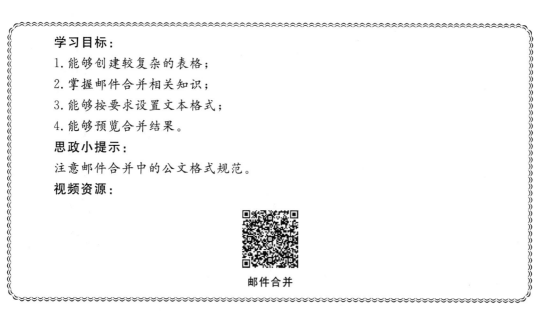

邮件合并

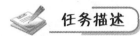 **任务描述**

　　高中要会考了，要给每位同学发放会考准考证，准考证中包含考生的姓名、身份证号、照片以及考试安排，现在要求在会考前完成准考证的制作和发放。

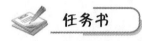 **任务书**

（1）按以下格式创建准考证表；

省　　　　市普通高中会考

准　考　证

姓　　名		身份证		
考试地点				
考　试　安　排				
考试科目	考试时间	考试科目	考试时间	
语文		数学		
外语		理综/文综		

（2）按以下格式创建信息表，并完成信息的填写；

省	市	姓名	身份证	考试地点	语文考试时间	数学考试时间	外语考试时间	综合考试时间	照片

（3）准备一组 1 寸照片的图片。

 获取信息

　　引导问题 1：

　　Word 2019 为用户提供了＿＿＿＿＿＿＿表格内的对齐方式。

　　引导问题 2：完成以下选择题。

　　（1）下面关于表格中单元格的叙述错误的是：

　　A. 表格中行和列相交的格称为单元格

　　B. 在单元格中既可以输入文本，也可以输入图形

　　C. 可以以一个单元格为范围设定字符格式

　　D. 表格的行才是独立的格式设定范围，单元格不是独立的格式设定范围

　　（2）在 Word 文档中插入表格后，单元格的高度和宽度（　　　）

　　A. 都可以改变　　　　　　　　　　　　B. 都固定不变

　　C. 高度可以改变，宽度不可以改变　　　　D. 宽度可以改变，高度不可以改变

(3)在 Word 的编辑状态,当前文档中有一个表格,选定表格内的部分单元格中的数据后,单击格式工具栏中的"居中"按钮后(　　)

A.表格中的数据全部按居中格式编排

B.表格中被选择的数据按居中格式编排

C.表格中的数据没按居中格式编排

D.表格中未被选择的数据按居中格式编排

(4)当插入点在表的最后一行最后一单元格时,按 Tab 键将(　　)

A.在同一单元格里建立一个新文本行

B.产生一个新列

C.将插入点移到新的一行的第一个单元格

D.将插入点移到第一行的第一个单元格

(5)要删除单元格,正确的操作是(　　)。

A.选中要删除的单元格,按 Del 键

B.选中要删除的单元格,按剪切按钮

C.选中要删除的单元格,按 Shift+Del 键

D.选中要删除的单元格,使用右键菜单的"删除单元格"

(6)Word 2019 中,以下对表格操作的叙述错误的是(　　)

A.在表格的单元格中,除了可以输入文字、数字,还可以插入图片

B.表格的每一行中各单元格的宽度可以不同

C.表格的每一行中各单元格的高度可以不同

D.表格的单元格可以绘制斜线

(7)以下对表格公式的叙述正确的是(　　)

A.当被统计的数据改变时,统计的结果不会自动更新

B.当被统计的数据改变时,统计的结果会自动更新

C.当被统计的数据改变时,统计的结果根据操作者决定是否更新

D.以上叙述均不正确

引导问题 3:使用邮件合并主要是处理什么任务的?

任务实施

1.创建准考证表

引导问题 4:你有几种方法实现合并单元格?

引导问题 5:怎样改变一个单元格的宽度?

2.创建信息表

引导问题 6:信息表的结构是_____。

引导问题 7:如何在 Word 中创建考生信息表?

3.邮件合并

引导问题 8：如何在指定的位置显示收件人的信息？

引导问题 9：在_____选项卡，单击_____按钮，可查看到收件人的信息，还可按_____、_____按钮查看前一个、后一个收件人信息。

引导问题 10：怎么操作能快速查找到某个收件人的信息？

 评价考核

项目名称	评价内容	评价分数		
		自我评价	互相评价	教师评价
职业素养考核项目	劳动纪律			
	课堂表现			
	合作交流			
专业能力考核项目	学习准备			
	引导问题填写			
	完成质量			
	是否按时完成			
	规范操作			
综合等级	教师签名			

注：评价等级分为 A（优秀）、B（良好）、C（合格）、D（努力）4 个。

任务相关知识点

3.3.1 表格

3.3.1.1 创建表格

（1）拖拽插入表格

点击顶部菜单栏的"插入"选项卡，其次点击"表格"选项，然后在下拉菜单中第一个"插入表格"栏下面通过鼠标拖拽选择表格行和列（如图 3-71 所示）。

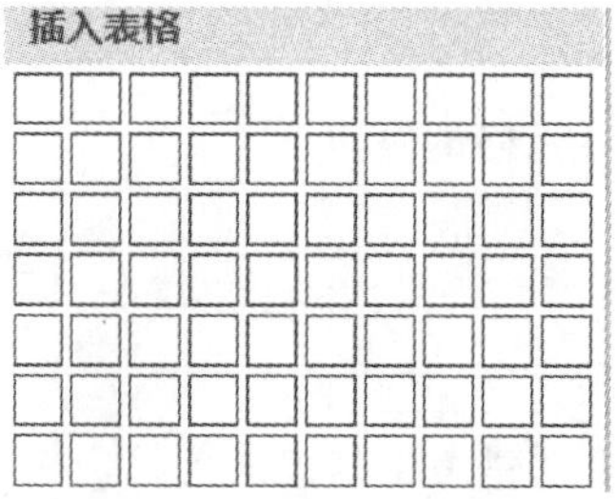

图 3-71 拖拽插入表格

（2）插入表格

点击顶部菜单栏的"插入"选项卡，其次点击"表格"选项，然后在下拉菜单中选择"插入表格"，接着在弹出的对话框中输入表格的"行""列"等相关选项。如图 3-72 所示。

图 3-72 "插入表格"对话框

（3）绘制表格

点击顶部菜单栏的"插入"选项卡，其次点击"表格"选项，然后在下拉菜单中选择"绘制表格"，鼠标会变成一支笔，通过按住左键拖拽的方式即可绘制一个表格，贴着表格的边框继续拖拽，又会出现一个表格与之前的连在一起，也可以在其他位置再单独绘制表格，如图 3-73 所示。

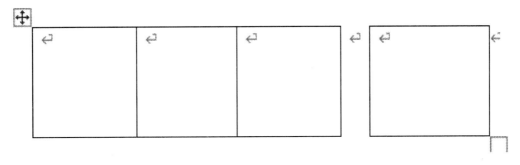

图 3-73 绘制表格

（4）插入 Excel 电子表格

点击顶部菜单栏的"插入"选项卡，其次点击"表格"选项，然后在下拉菜单中选择"Excel 电子表格"。结果如图 3-74 所示。

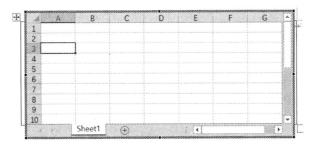

图 3-74 插入 Excel 电子表格

（5）快速表格

点击顶部菜单栏的"插入"选项卡，其次点击"表格"选项，然后在下拉菜单中选择"快速表格"，在弹出的侧边栏中会弹出很多表格模板，可根据实际需求进行选择，如图 3-75、图 3-76 所示。

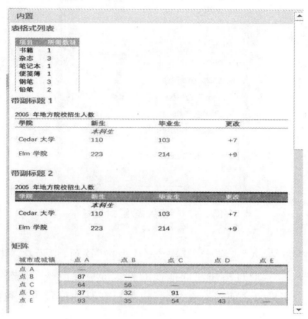

图 3-75　快速表格 1

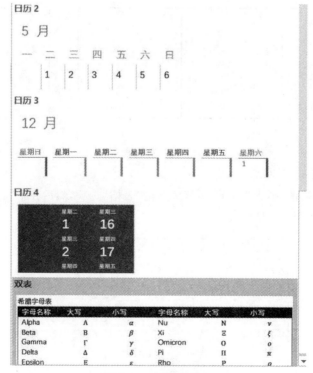

图 3-76　快速表格 2

3.3.1.2　表格格式化

（1）增加表格

鼠标移动到要增加表格的地方,点击鼠标右键,然后选中"插入",右侧会出现侧边栏,可以选择插入"列"还是"行"以及单元格。如图 3-77 所示。

（2）删除表格

鼠标移动到要删除表格的地方,点击鼠标右键,然后点击"删除单元格",如图 3-78 所示,然后在弹出对话框中选择"右侧单元格左移"（删除该单元格过后右边的单元格全部往左边移动）、"下方单元格上移"（删除该单元格过后下边的单元格全部往上移动）、"删除整行"（和该单元格在一行的全部删除）或"删除整列"（和该单元格在一列的全部删除）。

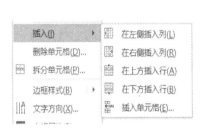

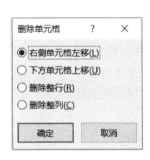

图 3-77　增加表格　　　　　　　图 3-78　删除表格

（3）设置行高、列宽

选中要设置行高、列宽的表格或者单元格,右键然后选择"表格属性",弹出对话框,选择"行"和"列"选项栏分别进行行高和列宽的设置,通常是一整列进行更改。如图 3-79 所示。

图 3-79　设置行高列宽

（4）设置文字方向

选择要设置文字方向的单元格或者表格,然后右键选择"文字方向",在弹出的对话框中选择相应的文字方向,如图 3-80 所示。

（5）设置单元格对齐方式

鼠标左键点击想要设置对齐方式的表格,在顶部菜单栏"表格工具"中选择"布局",然后在菜单栏下方的对齐方式中选择相应的对齐方式,如图 3-81 所示,对齐方式包括:靠上左对齐、靠上居中对齐、靠上右对齐、中部左对齐、水平居中、中部右对齐、靠下左对齐、靠下居中对齐、靠下右对齐。

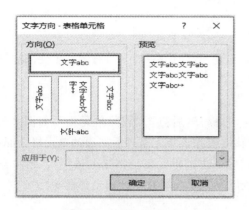

图 3-80　设置文字方向　　　　　　图 3-81　设置单元格对齐方式

（6）设置边框和底纹

选择要设置的单元格，然后右键选择"边框和底纹"，如图 3-82 所示，在弹出的对话框中选择"边框"进行边框设置，选择"底纹"进行底纹设置。

图 3-82　设置边框和底纹

3.3.1.3　文本与表格互换

（1）文本转换成表格

①选中文本如图 3-83 所示。

图 3-83　文本内容

②点击 Word 顶部"插入"栏，选择"表格"，如图 3-84 所示，在下拉菜单中选择"文本转换成表格"。

③在弹出的对话框中输入列为"5",文字分隔位置选择"逗号",如图 3-85 所示。

图 3-84　选择"文本转换成表格"　　　　　图 3-85　选择"文字分隔位置"

④结果如图 3-86 所示。

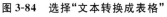

图 3-86　文本转换表格结果

(2)表格转换成文本

①选中要转换成文本的表格,在顶部菜单栏"表格工具"中选择"布局",如图 3-87 所示。

图 3-87　表格转换成文本 1

②在"数据组"中选择"转换为文本",如图 3-88 所示。

③在弹出的对话框中选择"制表符",如图 3-89 所示。

图 3-88　表格转换成文本 2　　　　　图 3-89　表格转换成文本 3

④结果如图 3-90 所示。

| 贵州 | 四川 | 云南 | 新疆 | 西藏↵ |

图 3-90   表格转换成文本 4

3.3.1.4   排序和计算表格数据

（1）排序

左键点击要排序的表格，然后在页面顶端"表格工具"栏选择"布局"，然后点击"排序"，在弹出的对话框中选择排序的"主要关键字"，从下拉箭头处选择排序的关键字，如果关键字过多还可以选择"次要关键字"，同时对排序是"升序"还是"降序"进行选择，如图 3-91 所示。

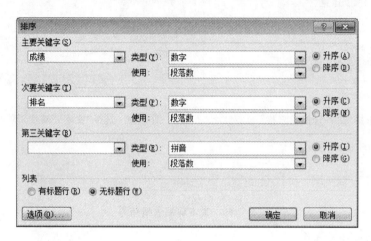

图 3-91   排序

（2）计算表格数据

左键点击要得出计算结果的单元格，然后在页面顶端"表格工具"栏选择"布局"，然后点击"公式"，在弹出的对话框中，输入自己想用的公式（或者通过粘贴函数栏选择公式）和想要计算的区域，如图 3-92 所示。

图 3-92   计算

3.3.2   邮件合并

3.3.2.1   邮件合并概述

"邮件合并"是 Word 的一项高级功能，在邮件文档的固定内容中，合并与发送信息相关的一组通信资料，从而批量生成需要的邮件文档，从而提高工作效率。邮件合并功能可以批量处理信函、信封、标签、工资条等。

3.3.2.2　邮件合并的基本过程(以会议邀请函为例)

(1)制作数据源

①用 Word 制作数据源:在 Word 文档中创建表格并输入数据如图 3-93 所示,然后保存到本地。

②用 Excel 制作数据源:打开 Excel 表格,输入数据如图 3-94 所示,保存到本地。

姓名	性别
李明	男
张霞	女
李红	女
张伞	男

图 3-93　Word 数据源

姓名	性别
李明	男
张霞	女
李红	女
张伞	男

图 3-94　Excel 数据源

③在邮件合并内部直接创建通讯录:点击顶部菜单栏"邮件","开始邮件合并组"点击"选择收件人",在下拉菜单中选择"键入新列表",然后输入信息保存到本地。如图 3-95 所示。

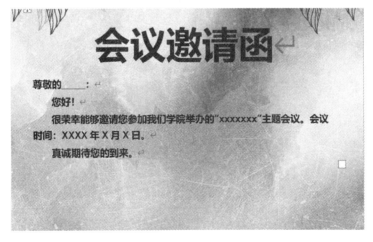

图 3-95　邮件合并内部创建数据源

(2)制作 Word 模板

以本次会议邀请函为例,模板如图 3-96 所示。

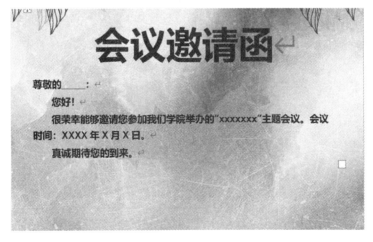

图 3-96　邮件合并模板

(3)插入数据源

在顶部菜单栏点击"邮件",在"开始邮件合并组"选择"选择收件人",在下拉菜单中点击"使用现有列表",在弹出的对话框中选择刚才创建好的数据源文件。

（4）编辑收件人列表

在"开始邮件合并组"点击"编辑收件人列表"，在弹出的对话框中可以对收件人进行排序、筛选，以及查找重复联系人等。如图 3-97 所示。

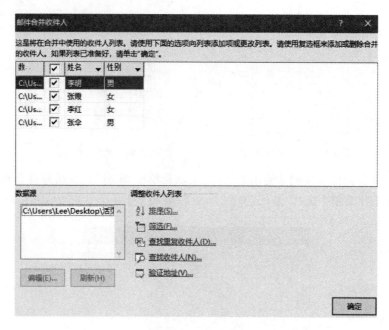

图 3-97　　编辑收件人

（5）插入合并域

选择好数据源文件过后，在顶部"编写和插入域"组点击"插入合并域"插入"姓名"合并域到"尊敬的"这一文本后面，然后在"姓名"后插入域"性别"，点击"合并插入域"旁边的"规则"，在下拉菜单中选择"如果…那么…否则"，在弹出对话框中"域名"选择"性别"，"比较条件"选择"等于"，"比较对象"选择"男"，"则插入此文字"中输入"先生"，"否则插入此文字"中输入"女士"，如图 3-98、图 3-99 所示。

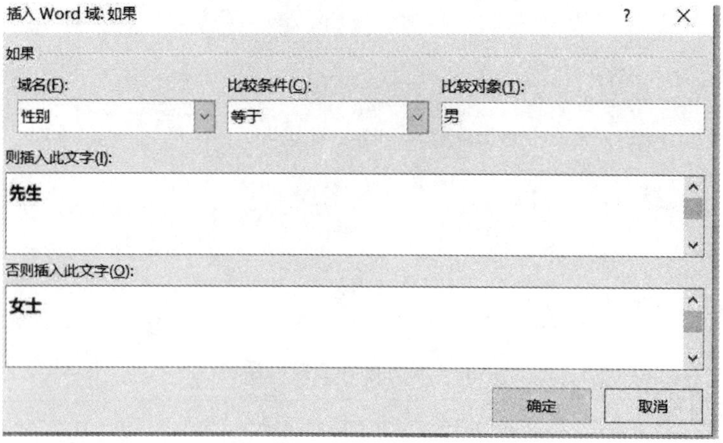

图 3-98　　插入合并域逻辑规则设置

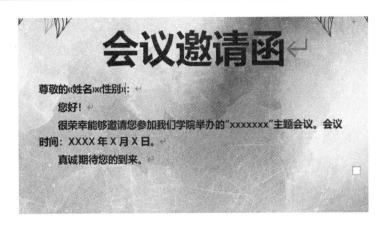

图 3-99　插入合并域的结果

（6）预览结果

点击"预览结果"查看邮件合并的结果，在预览结果过程中可以点击"预览结果"组的蓝色箭头进行所有结果的预览，如图 3-100、图 3-101 所示。

图 3-100　预览结果选项

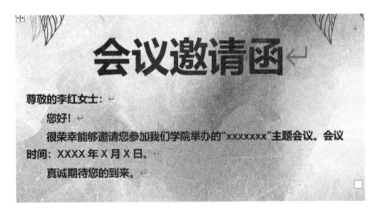

图 3-101　预览结果

（7）点击"完成合并"，在下拉菜单中选择"编辑单个文档"，在弹出的对话框中选择"全部"结果（也可以选择合并范围），如图 3-102、图 3-103 所示。

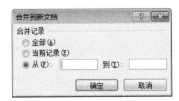

图 3-102　完成合并选项

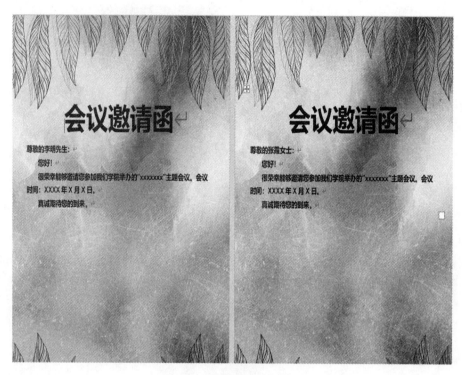

图 3-103　完成合并部分结果

总　结

任务 3.4　毕业论文的编辑与排版

学习目标：

1.掌握样式的创建及应用；

2.掌握长文档编排的方法和技巧；

3.理解题注的作用，能够正确地使用题注；

4.能够正确地插入和设置页眉页脚；

5.学会在长文档中添加页码；

6.能够为长文档添加目录。

思政小讲堂：

抄袭是一种严重侵犯他人著作权的行为，在书写毕业论文时要杜绝抄袭，操作过程中注重格式规范，学会思考和总结。

视频资源：

页眉、页脚、目录　　　　页面、封面样式　　　　题注与交叉引用

 任务描述

毕业论文（设计）是教学计划的重要环节，毕业论文的编辑和排版也是学生必须要掌握的。毕业论文（设计）一般有如下条目：封面，目录，题目，作者姓名，作者资料（系部、专业、班级、学号），摘要和关键词（中文摘要、中文关键词；外文摘要、外文关键词），论文主体，注释，致谢，参考文献，附录等。小张同学要毕业了，现在要撰写论文，并按要求对毕业论文进行排版。

 任务书

毕业论文排版格式要求如下：

（1）封面

按提供的模板排版，封面不能有页码。标题用小一号微软雅黑，其余各项内容用四号微软雅黑。

（2）目录

自动生成。目录中各章题序的阿拉伯数字用 Times New Roman 字体，第一级标题用小四号黑体，其余用小四号宋体。目录主要包括摘要、前言（或称引论、引言）、正文主体、结论、致谢、注释、主要参考文献及附录等。

"目录"二字为三号黑体居中，两字之间空一格。下空二行为章、节、小节及其开始页码。

按三级标题编写，要求层次清晰。目录中的标题要与正文中的标题一致。

（3）章节编号

章节编号形式如表 3-1 所示。

表 3-1　章节编号形式

第一种	第二种	第三种	第四种
一、	第一章	第一章	1
（一）	一、	第一节	1.1
1.	（一）	一、	1.1.1
（1）	1.	（一）	

理工类专业目录的三级标题，建议按第四种格式编写，社科、管理、经济类专业目录的三级标题，建议按第一种格式编写。

（4）字体、段落要求

• 摘要二字：小三号黑体，"摘"与"要"之间空两格，居中。

• 英文摘要二字：小三号 Times New Roman 字体。

• 摘要内容：小四号宋体。

• 英文摘要应与中文摘要相对应，内容字体为小四号 Times New Roman 字体。

• 关键词三字：小四号粗黑体，顶格书写。

• 英文关键词三字：小四号 Times New Roman 字体。

• 关键词：小四号宋体。

• 英文关键词应与中文关键词相对应，内容字体为小四号 Times New Roman 字体。

• 正文标题一级标题：小三号黑体，加粗，居中，1.5 倍行距，段前分页。

• 正文标题二级标题：四号黑体，加粗，左对齐，1.25 倍行距，段前 0.5 行，段后 0。

• 正文标题三级标题：小四号黑体，加粗，左对齐，1.25 倍行距，段前 0.5 行，段后 0。

• 正文：小四号宋体，行首缩进 2 个字符，1.25 倍行间距，英文字体为 Times New Roman 字体，字号为小四号。

• 参考文献、声明、致谢标题：格式如同一级标题。

• 文献内容：五号宋体，文献的序号左顶格。

• 注释二字：小四号黑体。

• 注释内容：五号宋体。

• 代码：五号宋体。

• 图表标题：五号黑体，加粗，居中。

（5）页面设置

页面大小为 A4（210mm×297mm），上边距：30mm；下边距：25mm；左边距：30mm；右边距：20mm，装订线：0.5 厘米。

（6）页眉及页码

各页均加页眉，页眉页脚边距设置为 1.4cm，采用宋体小五号，右对齐，分割线为 0.75 磅双线，打印"××大学（学院）毕业论文"。

页码从绪论部分开始至附录,用阿拉伯数字连续编排,页码位于页脚中间位置。封面、摘要和目录不编入论文页码,摘要和目录用罗马数字单独编页码。

(7)插图

毕业论文(设计)的插图应与文字紧密配合,文图相符。图序必须连续,不得重复或跳跃,图序和图题置于图下方中间位置。

(8)表格

表头与表格为一整体,不得拆开排写于两页。表序必须连续,不得重复或跳跃,表序和表题置于表格上方中间位置,无表题的表序置于表格的左上方或右上方(同一篇论文位置应一致)。表内文字说明(五号宋体),起行空一格、转行顶格、句末不加标点。表中若有附注,用小五号宋体,写在表的下方,句末加标点。

毕业论文排版效果如图 3-104 所示。

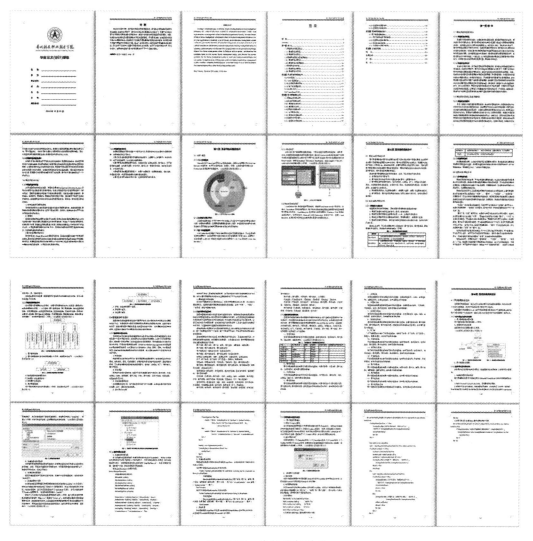

图 3-104 论文排版效果

获取信息

引导问题 1:什么是样式,样式有什么作用?

引导问题 2:简述字符样式和段落样式的区别。

引导问题 3:页面设置主要对哪些内容进行设置?

引导问题 4:Word 2019 的分隔符分为_____、_____和_____。

引导问题 5:完成以下选择题。

(1)下列关于页眉页脚,说法正确的是(　　　)。

A. 页眉线就是下划线　　　　　　　　B. 页码可以插入页面的任何地方

C. 页码可以直接输入　　　　　　　　D. 插入的对象在每页中都可见

(2)要在 Word 2019 的同一个多页文档中设置三个以上不同的页眉页脚,必须(　　　)。

A. 分栏　　　　　　B. 分节　　　　　　C. 分页　　　　　　D. 采用的不同的显示方式

任务实施

1.页面设置

引导问题 6:假设要求用 A4 纸输出长文档,在打印预览中发现最后一页只有一行,要把这一行提到上一页最好的办法是(　　　)。

A. 切换视图模式　　　　　　　　　　B. 增大页边距

C. 减小页边距　　　　　　　　　　　D. 添加页眉/页脚

2.编辑、设置封面

引导问题 7:封面上,如何操作可以方便内容输入和行列对齐? 给出操作步骤。

引导问题 8:要插入日期,要切换到_____选项卡,单击_____按钮。

3.创建和应用样式

引导问题 9:创建样式基准为"标题 2",类型为"链接段落和字符",后续段落样式为"正文"的样式,写出创建过程。

引导问题 10:如何将创建的样式应用于一段文字和一句话?

4.使用题注

引导问题 11:如果论文文档中表或图片已经添加了,是否还可以使用"自动插入题注"?

引导问题 12:如何插入交叉引用?

5.设置页眉页脚

引导问题 13:如何在奇偶页设置不同的页眉或页脚。

引导问题 14：在长文档中如何设置不同格式的页码？

引导问题 15：插入页眉后，如果要删除文字下方的横线，该如何操作？

！提示：可使用字体组中的"清除所有格式" 命令，也可通过修改页眉样式删除横线或修改横线样式。

6.创建目录

引导问题 16：自动生成目录之前要做哪些操作？

引导问题 17：在 Word 2019 中，目录显示级别默认为_____级，如果想要修改，操作为_____。

7.打印文档

引导问题 18：要打印第 2 节第 1～3 页、第 20～25 页，在页数文本框中应该输入_____。

评价考核

项目名称	评价内容	评价分数		
		自我评价	互相评价	教师评价
职业素养考核项目	劳动纪律			
	课堂表现			
	合作交流			
专业能力考核项目	学习准备			
	引导问题填写			
	完成质量			
	是否按时完成			
	规范操作			
综合等级		教师签名		

注：评价等级分为 A(优秀)、B(良好)、C(合格)、D(努力)4 个。

任务相关知识点

3.4.1　页面设置

Word 2019 的页面设置包括纸张大小、页边距、纸张方向、文字方向、分栏、分隔符等内容，在任务 3.1 中已经介绍了如何设置纸张大小。本任务主要介绍设置页边距、分栏及分隔符。

3.4.1.1　设置页边距

页边距就是文本区域到纸张边线的距离。如图 3-105 所示，设置页边距可以调整文本区域的大小。

（1）选用预设页边距

Word 2019 提供了多种预设页边距，用户可以直接点击使用。切换至"布局"选项卡，单击"页面设置"组中的"页边距"按钮，在展开的下拉列表中选择预设的样式。

（2）自定义页边距

如果对预设的边距不满意，可以自己定义页边距。切换至"布局"选项卡，单击"页面设置"→"页边距"→"自定义边距"，弹出如图 3-106 所示的页面设置对话框。

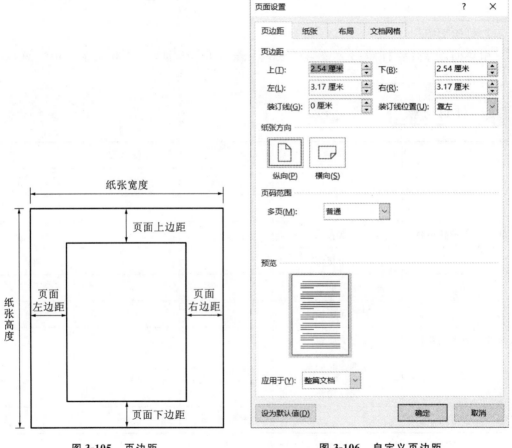

图 3-105　页边距　　　　　　　　图 3-106　自定义页边距

在上、下、左、右数值框中分别输入相应的数据，也可以按上下箭头键（数值调节钮）来调整数值。

如果要考虑装订，在对话框中"装订线"文本框中输入数值，单击"装订线位置"下拉按钮选择装订的位置是靠左还是靠上。

（3）使用标尺设置页边距

使用标尺可以快速调整上、下、左、右边距。将鼠标移至水平标尺左边和右边白色和灰色交接位置，当鼠标指针变成"水平调整大小" ⟷ 形状后，按住鼠标左键不放左右拖动就可设置左边距和右边距,如图 3-107 所示。

图 3-107　水平标尺

同样,将鼠标移至垂直标尺上边和下边白色和灰色交接位置,当鼠标指针变成"垂直调整大小"⇕形状后,按住鼠标左键不放上下拖动就可设置上边距和下边距。

3.4.1.2　分隔符

Word 分隔符是文档中分隔页、栏或节等的符号,分为分页符、分栏符、换行符和分节符等。

(1)分页符

分页符是强制分页后的标识符号,标记在一页终止到下一页开始之间。

在文档中,当一页被文本、图形等内容填满时,Word 会自动开始下一页。如果要在某个位置强制分页,也可以强制分页,这样就会在指定位置之后插入一个分页符,且后面的内容转到了下一页。

确定插入点位置后,单击"布局"→页面设置→"分隔符"→"分页符",也可使用 Ctrl+Enter 组合键,此时分页符将插入到插入点位置之后,分页符号如图 3-108 所示。

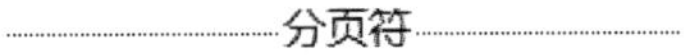

·············分页符·············

图 3-108　分页符符号

注意:如果在文档中没有显示该符号,切换到"开始"选项卡,单击"段落"组中的"显示/隐藏编辑标记" 按钮。

(2)分栏符

分栏符如同分页符,是用来标识强制分栏的符号。设定分栏后,Word 文档会在内容满一栏后自动开始下一栏,若希望某一内容出现在下一栏,单击"布局"→页面设置→"分隔符"→"分栏符",则可强制分栏,并将分栏符号插入到插入点之后,如图 3-109 所示。

图 3-109　分栏符符号

(3)换行符

换行符是强制换行后标识的符号。在 Word 中,有以下三种换行方法:

①自动换行。输入文本时一行结束了会自动换行。

②按回车键换行。当一段内容结束后,按回车键进入下一个段落。

③插入换行符。在"分隔符"下拉框中选择"换行符"或按 Shift+Enter 组合键,在插入点位置强制换行,换行符显示为灰色"↓"符号。

注意:强制换行与按回车键换行不同,强制换行产生的新行仍将作为当前段的一部分。

(4)分节符

节是文档的一部分。Word 默认整篇文档为一节。如果要在一篇文档的不同部分设置不同的页格式,比如页眉、页脚、页边距等,需要将文档进行分节。在分隔符下拉框中选择

"下一页""连续""偶数页"或"奇数页"可实现分节。

①下一页:当前位置后插入分节符,并在下一页开始新节。

②连续:当前位置后插入分节符,并在同一页开始新节。

③偶数页:当前位置后插入分节符,并在下一个偶数页上开始新节。

④奇数页:当前位置后插入分节符,并在下一个奇数页上开始新节。

3.4.2　输入日期或时间

在使用 Word 录入文档时,经常要在文档中添加日期或时间,如果要录入当天的日期或目前的时间,可使用 Word 提供的输入当前日期和时间的方法。

(1)使用对话框插入当前的日期和时间

单击要插入日期的位置,在"插入"选项卡"文本"命令组中单击"日期和时间"按钮,打开日期和时间对话框,如图 3-110 所示。

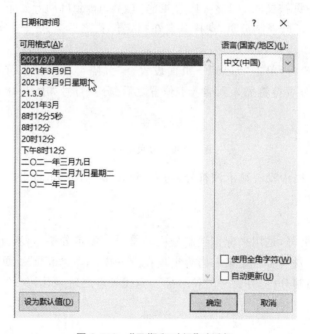

图 3-110　"日期和时间"对话框

根据需要,在"语言(国家/地区)"下拉框中选择中文或英文的日期和时间格式。然后在"可用格式"列表框中选中要选择的格式,单击"确定"按钮,或双击要选择的格式,系统当前的日期或时间就插入到插入点位置了。

(2)使用快捷键

使用组合键快速输入系统当前的日期和时间。上述对话框中在"可用格式"列表中选定格式,单击"设为默认值"按钮,按 Alt＋Shift＋D 组合键,可输入指定格式的当前日期;按 Alt＋Shift＋T 组合键,可输入指定格式的当前时间。

3.4.3　文档样式

样式是多种格式的集合,通过样式设置文本格式,会使编排工作事半功倍。Word 2019 文档样式可分为五种,分别是字符样式、段落样式、链接段落和字符样式、表格样式和列表样式。

①字符样式:字体格式的集合,它可以方便地应用于选取的文字之上。

②段落样式:是一组段落与字体格式的集合,它应用于整个段落。

③链接段落和字符样式:是在 Word 2007 之后引入的一种新样式,与段落样式一样,是一组段落与字体格式的集合,但应用时兼有段落样式和字符样式的特点。

④表格样式:是一组表格、字体、段落等格式的集合。创建的样式不会显示在样式列表中,而是选取表格之后,显示在"设计"→选项卡→"表格样式"区域内。该样式只能应用于表格之上。

⑤列表样式:是一组字体和编号格式的集合。创建的样式同样不显示在样式列表中,而显示于设置列表的选项中。只有选取的内容包含列表设置时,才可应用该样式。

Word 2019 提供了预先设置好的样式,可直接单击某一样式应用于文档。如果需要可以修改预设的样式,也可以创建一个新的样式。

3.4.3.1　创建样式

切换到"开始"选项卡,单击"样式"组右下角的"对话框启动器" ,打开"样式"任务窗格,如图 3-111 所示。

单击任务窗格左下角的"新建样式"按钮 ,打开"根据格式化创建新样式"对话框,如图 3-112 所示。在名称文本框中输入样式的名称,选定样式类型、样式基准,设置字体、段落等格式后,单击"确定"按钮,在样式列表和任务窗格中就能看到新建的样式了。其中,样式基准是指当前创建的样式是以哪个样式为基础的。

3.4.3.2　应用样式

应用样式可以快速地设置文档格式,下面主要讲解对字符样式、段落样式以及链接段落和字符样式的应用。

（1）应用字符样式

选定文本,单击"样式"列表或样式窗格列表中的字符样式,这时选中的文本就应用了字符样式中设置的格式。

（2）应用段落样式

将插入点定位于段落中的任意位置,单击"样式"列表或样式窗格列表中的段落样式,这样插入点所在的整个段落就应用了设置好的段落样式。

图 3-111　样式窗格

（3）应用链接段落和字符样式

链接段落和字符样式兼有段落样式和字符样式的特点。如果选中了文本,单击"样式"列表或样式窗格列表中的链接段落和字符样式,那么该样式只会应用到选中的文本;如果没选中文本,该样式将应用于插入点所在的整个段落。

Word 还提供了样式集,在"设计"选项卡中单击文档格式列表中的样式集,可以将该样式集中设置的格式快速地应用到整个文档。

3.4.3.3　修改、删除样式

用户可以修改、删除 Word 预先定义好的和自己创建的样式,方法如下。

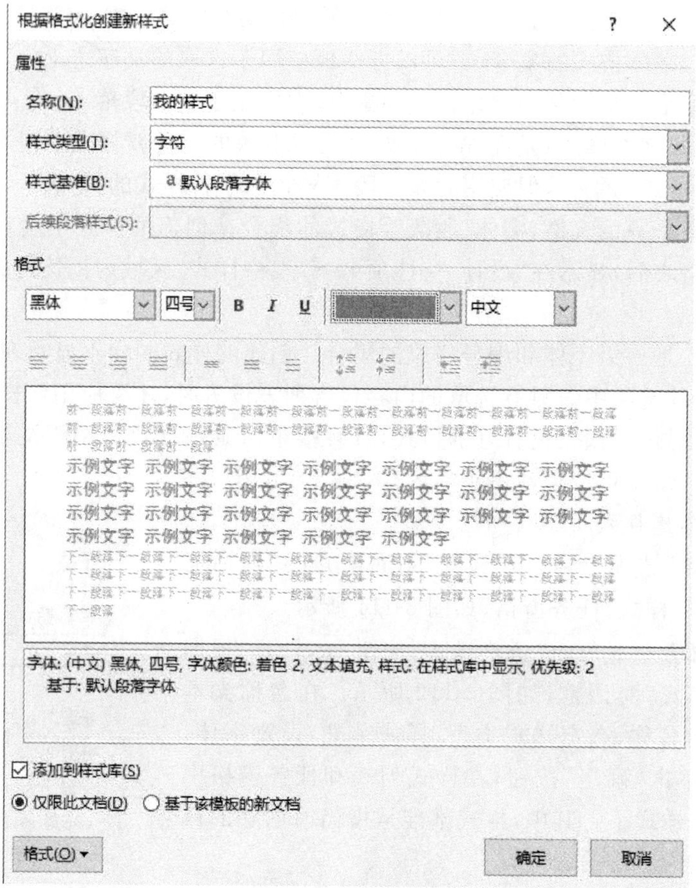

图 3-112　创建新样式

方法一：指向样式列表中的某个样式，右击鼠标，从弹出的菜单中选择"修改"或"从样式库中删除"命令。

方法二：在"样式"窗格中，单个某个样式右边的下拉按钮，从下拉项里选择"修改"或"从样式库中删除"命令。

方法三：单击"样式"窗格下方的"管理样式"按钮，打开"管理样式"对话框，在列表框中选择要编辑的样式，单击"修改"或"删除"按钮。

3.4.4　题注

题注是对文档中的图片、公式、表格、图表和其他对象贴上标签。编辑长文档时，题注能够保证文档中图片、表格或图表等对象按各类的顺序自动编号，并且当对已标识题注的对象进行移动、删除，或是在标有题注对象前插入一个新的同类对象时，Word 将自动更新题注的编号。除此之外，Word 2019 还提供了自动插入题注功能，能够在插入对象的同时自动进行编号。

3.4.4.1　插入题注

（1）为图片添加题注

①选定要添加题注的图片

②切换到"引用"选项卡,在"题注"选项组中单击"插入题注"按钮,打开"题注"对话框,如图 3-113 所示。

③在对话框中单击"新建标签"按钮,弹出"新建标签"对话框。

④在"标签"文本框中输入标签名称,例如要给第三章的图加题注,可输入"图 3-",如图 3-114 所示。

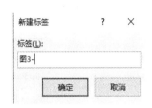

图 3-113　"题注"对话框　　　　　　　　图 3-114　新建标签

⑤单击"确定"按钮后,在"题注"对话框可看到题注为图 3-1。Word 自动在标签后添加编号,如果该图是本章节第一张图,编号就为 1。再在编号后输入图片的说明文字,例如"新建对话框"。

⑥单击"题注"对话框中的"位置"下拉按钮,选择题注的位置在"所选项目下方"。如图 3-115 所示。

⑦单击"确定"按钮,题注就插入到选定图片的下方了。

⑧如果想更改编号的格式,可单击"题注"对话框中的"编号"按钮,在打开的"题注编号"对话框中设置编号格式,如图 3-116 所示。

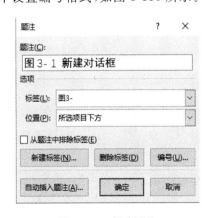

图 3-115　新建题注　　　　　　　　图 3-116　设置题注编号格式

注意:编号后图片的说明文字也可以在插入题注之后再输入。

(2)为表格添加题注

为表格添加题注的步骤与上述相同。不同的是表格的标签名称一般以"表××"开头,题注的位置在表的上方。

（3）自动插入题注

自动插入题注是在图片、表格等对象插入到文档之前设置的，以表格为例，自动插入表格的步骤如下。

①在"题注"对话框中单击"自动插入题注"按钮，打开"自动插入题注"对话框。

②在"插入时添加题注"列表框中选择要自动添加题注的对象，比如"Microsoft Word 表格"。

③单击"新建标签"按钮，新建标签比如"表 3-"。

④在"位置"列表框中选择题注出现的位置为"项目上方"。

⑤单击"确定"按钮。

设置如图 3-117 所示。当在文档中插入表格后，Word 会自动对其进行编号。

图 3-117　自动插入表格题注

注意：为图片设置自动插入题注后，在文档中插入图片，Word 不会自动对其编号，要使用"插入"→"文本"选项组→"对象"命令插入图片。

3.4.4.2　创建交叉引用

交叉引用是包含自动生成的标签的超链接。Word 2019 可以对标题、脚注、尾注、题注等对象创建交叉引用，并且可在文档的任意位置引用对象。按 Ctrl 单击超链接，可快速跳转到对象位置，创建步骤如下：

①确定插入点，切换到"引用"选项卡，单击"交叉引用"按钮，打开"交叉引用"对话框。

②单击"引用类型"下拉按钮，在下拉选项中选择引用类型，比如创建好的题注标签"表 3-"。

③单击"引用内容"下拉按钮，在下拉选项中选择引用内容。

④在"引用哪一个题注"列表框中选择引用的题注。

⑤单击"插入"按钮，如图 3-118 所示，交叉引用就创建好了。

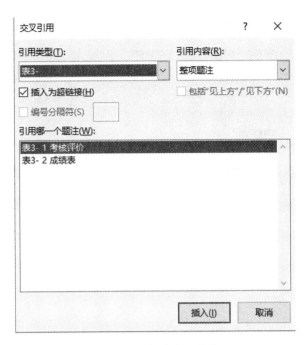

图 3-118　创建交叉引用

3.4.5　设置页眉页脚

3.4.5.1　设置页眉页脚边距

除了设置页边距以外,有时还需要设置页眉页脚到纸张边线的距离,有以下两种设置方法。

方法一:双击页眉或页脚,切换到"设计"选项卡,在"位置"组中给定页眉顶端或页脚底端距离。

方法二:单击"布局"→"页面设置"组中的"页边距"→"自定义页边距",打开"页面设置"对话框,在对话框中切换到"布局"选项卡,分别设置页眉和页脚的边距。如图 3-119所示。

3.4.5.2　首页不同与奇偶页不同

①首页不同是指给首页设置页眉页脚可以和其他页不一样,可以给首页设置特殊的页眉页脚,也可以不给首页设置页眉页脚。

②奇偶页不同是指给奇数页设置的页眉页脚与偶数页的不一样。

设置时,切换到"设计"选项卡,勾选"选项"组中的"首页不同"和"奇偶页不同"。也可以在"页面设置"对话框中进行设置。如图 3-119 所示。

3.4.5.3　设置链接到前一节

当对文档进行分节后,才能使用此功能。如果需要在新的一节中使用格式不同的页眉页脚,应关闭"链接到前一节"功能,否则默认采用前一节的页眉页脚格式。

选定新节的页眉或页脚,Word 将自动切换到"设计"选项卡,单击"导航"组中的"链接到前一节",可打开或关闭此功能。

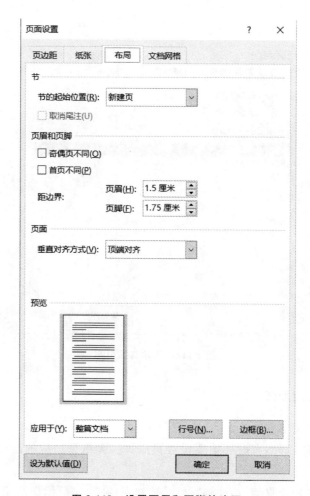

图 3-119　设置页眉和页脚的边距

3.4.5.4　插入页码

在文档中添加页码，可以使文档有条有序、易于查看，尤其对于长文档。Word 2019 可以将页码添加在页眉页脚、页边距或指定的位置处。

（1）插入页码

切换到"插入"选项卡，单击"页眉和页脚"组中的"页码"，在展开的下拉框中选择页码的插入位置，Word 2019 提供了四个位置选项，分别是"页面顶端""页面底端""页边距"和"当前位置"。这四个选项里又提供了多种预先设计好的样式，用户可从中选择所需要的页码样式插入到文档中。

以在文档的末尾插入"普通数字 2"样式的页码为例，操作过程为："插入"→"页眉和页脚"组中的"页码"→"页面底端"→"普通数字 2"，如图 3-120 所示。

注意：

①在页眉页脚或页边距插入页码后，Word 会按同一格式在所有页面的同一个位置插入自动编号的页码。如果想在页面中设置不同的页码格式或重新编号，先要对文档进行分节。

图 3-120　插入页码

②选用插入位置为"当前位置",且指定的插入位置不在页眉页脚或页边距处,只会在当前页插入页码,其他页要一一进行插入页码操作,每页可选择不同的页码样式。

(2)设置页码格式

切换到"插入"选项卡,单击"页码",选择"设置页码格式",打开"页码格式"对话框,在"编码格式"下拉框中选择一种需要的格式,可以选择勾选"包含章节号",将章节号连同页号一起显示。再在"起始页码"框中选择起始的页号,单击"确定"按钮,则页码变为新设置的格式,如图 3-121 所示。

(3)删除页码

有些页面不需要显示页码,可以将页码删除,删除的方法有两种:

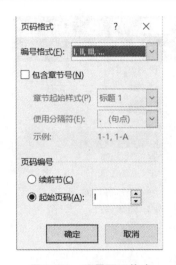

图 3-121　设置页码格式

方法一：选中页码，按 Del 键删除。

方法二：切换到"插入"选项卡，单击"页码"，在下拉框中选择"删除页码"。

注意：删除某些页面的页码时，一定先要分节，否则将会删除所有页面的页码。

3.4.6　目录

目录的功能是列出文档中的各级标题及标题在文档中相对应的页码。在 Word 2019 中目录可以手动和自动生成，手动生成目录不受文档内容的限制，需要自己填写标题以及对应的页码。自动生成目录来自于文档的结构，使用非常方便，并且当文档内容发生改变时，用户只需执行更新操作，目录会自动更新。

3.4.6.1　创建目录

（1）创建自动目录

①创建自动目录前要先编排文档的结构，有以下两种方法。

方法一：设置标题级别

- 切换到大纲视图模式。
- 将插入点移至某个第一级标题上，比如第一章，点击级别下拉按钮，在选项中选择 1 级。
- 将插入点移至某个第二级标题上，比如第一节，在下拉框中选 2 级。
- 按以上方法把整个文档的结构给标注出来。

方法二：使用标题样式

- 在页面视图中，将插入点移至某个第一级标题上，切换到"开始"选项卡，在样式列表中选择"标题 1"。
- 将插入点移至某个第二级标题上，在样式列表中选择"标题 2"。
- 按以上方法将所有章节的样式设置好，文档的结构就编排好了。

②切换到"引用"选项卡，单击"目录"组中的"目录"按钮，在下拉框中选择"自动目录 1"或"自动目录 2"。

（2）创建自定义目录

如果想在目录中显示更多的级别，或是使用不同的格式，可选择创建自定义目录。单击"目录"下拉框中的"自定义目录"选项，打开"目录"对话框，如图 3-122 所示。

在对话框中可对"制表符前导符""格式"以及"显示级别"进行设置。如要使用自己定义的样式，要将自己创建的样式与级别对应起来。单击"选项"按钮，打开"目录选项"对话框，在列表框中找到自定义样式，并在后面级别文本框中输入对应的级别数值，如图 3-123 所示。单击"确定"按钮后，自定义的目录就插入到文档中了。

3.4.6.2　修改目录样式

如果对显示的目录样式不满意，可以修改目录中各级标题的格式，方法有以下两种。

方法一：在图 3-124 所示的"目录"对话框中单击"修改"按钮，打开"样式"对话框。在对话框中选定标题样式，比如 TOC1，单击"修改"按钮，在打开的"修改样式"对话框中进行格

图 3-122　创建自定义目录

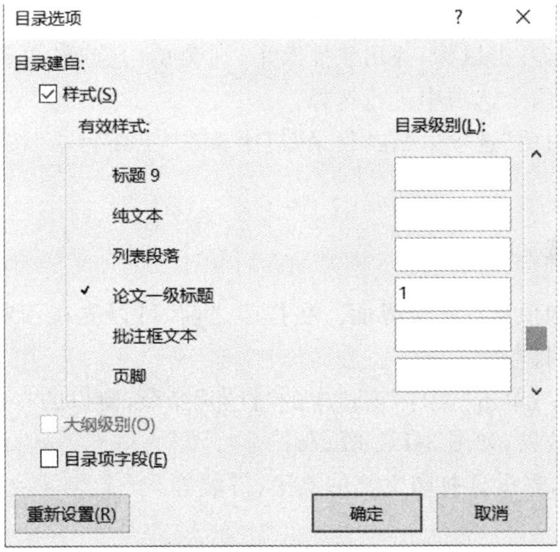

图 3-123　给样式设置级别

式修改。

　　方法二:单击"样式"组中右下角的"对话框启动器" ⤵,打开"样式任务窗格"。在"样式"窗格中找到目录标题,如 TOC1,单击右边的下拉按钮,从下拉项里选择"修改"命令,就可以在"修改样式"对话框中进行格式修改。

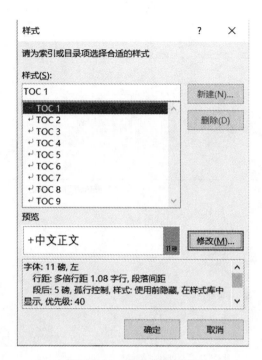

图 3-124　修改目录样式

3.4.6.3　更新目录

如果文档中有修改的标题，或是内容有增减，会造成标题或页码与目录中不一致，这时就需要更新目录。更新目录有以下两种方法。

方法一：选中目录，右击鼠标，弹出快捷菜单，在菜单中选择"更新域"，打开"更新目录"对话框，在对话框中的两个选项中进行选择。

方法二：切换到"引用"选项卡，在"目录"组中单击"更新目录"按钮，打开"更新目录"对话框。

3.4.7　打印、预览文档

Word 2019 打印和预览在一个界面。在打印之前，可以先在预览区域查看文档打印效果，确定满意后再进行打印。

选择"文件"选项卡，单击"文件"窗口中的"打印"命令，窗口的右侧区域将显示打印的相关操作和文档的预览效果，如图 3-125 所示。

在确定打印之前，先设置打印文档的范围、份数等。

（1）设置打印份数

在份数文本框中输入要打印的份数，或单击旁边的上下按钮来调整打印份数。

（2）设置打印范围

对文档的打印，Word 提供了打印所有页、打印选定区域、打印当前页以及自定义打印范围四个选项，默认为打印所有页，单击下拉按钮可进行选择。

①打印选定区域

要选择打印选定区域选项，必须在文档中先选定部分内容，否则此选项无效。

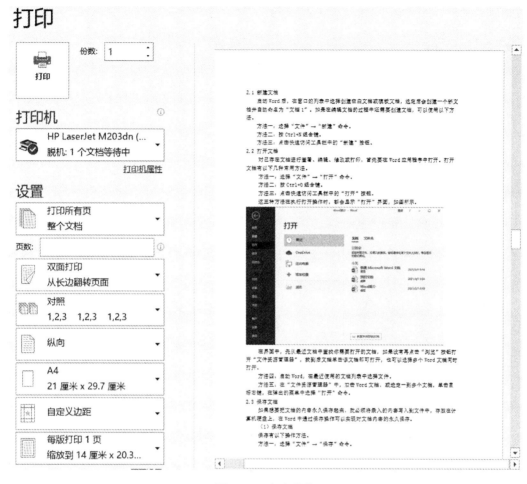

图 3-125　打印预览

②打印当前页

选择此选项时,只能打印光标所在的页面。

③自定义打印范围

选择此选项时,要在下方"页数"文本框中输入要打印的页码或页码范围。

• 打印一页:输入该页在文档中的页码,比如 5,表示只打印第 5 张页面的内容。对于分节的,也可以使用页码+节码指定要打印的页面,P 表示页码,S 表示节。例如在文本框中输入 P1S1,表示要打印第 1 节第 1 页的内容。

• 打印非连续多页:使用页码 1,页码 2,…来指定要打印的多页。例如要打印第 3 页、第 5 页和第 10 页,在文本框中输入 3,5,10。

• 打印连续多页:格式为页码 1-页码 2。例如 3-9,表示打印第 3 页至第 9 页。

除此之外,还可以设置打印奇数页或偶数页。

(3)设置单/双面打印

打印时可以设置是单面打印还是双面打印,如果选择了双面打印就可以将内容打印在纸的正反两面。

确定无误后单击"打印"按钮进行文档打印。

总　结

单元 4　表处理 Excel 2019

本单元共分三个任务(任务 1 学生成绩管理、任务 2 图书销售统计分析、任务 3 停车场停车收费统计),通过学习使读者能够达到以下目标。

1)知识目标

(1)了解数据的分类特点;

(2)理解单元格的属性及设置;

(3)掌握表格的筛选和分类汇总;

(4)掌握常用函数的使用;

(5)掌握外部数据的导入方法。

2)能力目标

(1)学会 Excel 数据表格的创建和使用方法;

(2)学会 Excel 表格的自动套用格式;

(3)能够用常用函数解决实际问题;

(4)学会使用数据透视表对数据表格的数据进行分析。

3)素质目标

(1)学会用科学缜密的思维处理问题;

(2)学有所思,学有所成。

任务 4.1　学生成绩管理

学习目标:

1.了解数据的分类特点;

2.学会 Excel 数据表格的创建和使用方法;

3.理解单元格的属性及设置;

4.学会定义对象的数据类型;

5.学会 Excel 数据表格的基本操作方法;

6.学会 Excel 中数据的分类汇总;

7.学会使用 Excel 中的数据生成数据图表。

思政小课堂:

学生时代的学习成绩是对在校学习效果的检验,要以严谨的治学品格去学习,以严肃的检学品德去考试。学有所思,学有所成,为社会主义做贡献。

视频资源：

第二学期期末成绩

 任务描述

　　在我们的生活中,数据无处不在,各种各样的数据充满了我们生活的每个角落。如何用好数据、用对数据对于我们的工作、学习和生活就显得尤为重要。Office 给我们提供了一个专门对数据进行管理的工具,它就是 Excel 数据表格。面对不同的数据应该如何设置其属性使其能够正确表达现实中的事务？面对不同的数据如何进行合理的统计分析来预测或决策即将进行的事务？面对不同的数据如何提取有效所需以探究出事务本来的性质？本节任务将带你走进数据的世界,为你的工作助力引航。

 任务书

　　学期结束,各科考试基本结束,作为教学秘书的小鹿老师开始汇总分析各科成绩,按照期末成绩的管理要求,需要将考试成绩进行分类分析汇总,进行单科以及多科目的比较,最终形成一个成绩分析报告递交上级主管领导。由于疫情影响,小鹿老师暂时未能回到学校进行办公,只能远程从学校数据库系统中下载了学生成绩的数据,在家中完成对成绩表格的分析。按照要求,请帮助小鹿老师完成对数据表格的数据整理和分析(任务包为实操任务4-1 文件夹)。完成这项数据处理工作吧！

　　①打开“第二学期期末成绩”工作簿,对工作表第二学期期末成绩进行样式设计,要求为：第一列学号设置为“文本”格式,所有的学生成绩保留两位有效数字；设置表格的列宽行高,增加边框、底纹。调整表格字体字号和颜色,更改文字的对齐格式以使表格美观。

　　②使用“条件格式”功能对各科成绩进行如下设置：语文、数学、英语三科中 110 分以上(含)的学生成绩所在的单元格以紫色进行填充；其他四科成绩中,将不及格的成绩字体颜色标记为红色。

　　③使用 SUM 和 AVERAGE 函数计算每个学生的总分及平均成绩。

　　④学号的第三位、第四位代表学生所在的班级。使用文本截取函数和 LOOKUP 函数完成对学生班级的填充,填充结果至班级列中。学号与班级的对应关系如表 4-1 所示。

表 4-1　学号班级对应表

学号 3、4 位	对应班级
01	初一 1 班
02	初一 2 班
03	初一 3 班

　　⑤复制工作表“第二学期期末成绩”,将副本放置在原表之前,并重新命名副本为“成绩分类汇总”。

⑥在工作表成绩分类汇总中,对每个班各科的成绩进行分类,求每个班各个科目的最高分,并对分类结果进行分页显示。

⑦在工作表成绩分类汇总中,删除原有分类汇总,对每个班各个科目的平均成绩进行分类汇总操作。

⑧根据分类汇总结果,对每个科各科的平均成绩制作一个簇状柱形图,放置在一张新的表格中,命名为“成绩分析图”。

 **获取信息**

引导问题 1:打开一个表格文件,你会看到很多个单元格,你认为单元格应该有哪些属性呢?

引导问题 2:数据的种类有很多,根据以下的问题,你认为怎么描述这个数据才是有道理的呢?

(1)小明考试的分数是 90,小红考试的分数是 60,小红比小明考试的分数低,因此分数是可以比较大小的数据。

可以比较大小的数据称之为数值型数据,你知道还有哪些数据是数值型数据吗?

(2)小明的出生日期是 2000 年 11 月 12 日,小红的出生日期是 2001 年 10 月 22 日,因为根据出生日期可以计算他们的年龄,所以出生日期是一个可以比较大小的数据。以下对于日期的描述,你认为正确吗? 说出你的观点。

A. 日期是一个可以比较大小的数据,所以日期之间的差值应该是一个天数的数值。

B. 日期是一个有大小的数据,那么就应该有值为 0 的日期。

C. 日期是一个有大小的数据,那么就应该有负数的日期。

D. 日期是可以比较大小的,日期就应该有两种表示,一个表示为“年月日”,一个表示为数值。

(3)小明的学号是 201216018,小红的学号是 201216032,学号对于学生是一个信息的标记,没有大小可分。 对于学号的描述,你认为哪些是正确的? 说出你的观点。

A. 学号是一个识别用户的标记,不能够作运算。

B. 学号不能够重复。

C. 学号的不同字符位代表着不同的意义。

引导问题 3:单元格中输入的数据的对齐方式你认为有哪些?

引导问题 4:给你一个班级的学习成绩,包含每个人的语文、数学、英语、历史、政治、生物、化学七科成绩,如果需要对成绩进行分析,应该分析哪些方面呢?

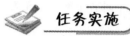 **任务实施**

引导问题5:设置数据区域的格式,首先选中数据区域,右键单击,选择"设置单元格格式",可以对单元格进行的设置有哪些?

....

....

引导问题6:需要将所研究数据区域符合要求的单元格进行重点标注,可以使用_____功能。具体的操作方式为点击"开始"选项卡下的"条件格式"下拉菜单,选择"突出显示规则",按照标注要求,选择对应的条件规则。

引导问题7:对数据区域的某行或者某列求和,可以使用_____函数进行,使用方法是首先定位光标,然后输入"＝",输入函数选择求和区域即可。

引导问题8:文本数据相当于由许多字符共同组成的字符串,截取字符串时,需要知道截取的起始位置、截取的长度。因此截取文本数据可以有_____种方法。

定位光标,输入"＝"或者直接点击"fx",输入"MID()"或者直接搜索"MID",依次填入对应参数。MID函数的参数有_____个,分别是_____。如截取函数的三、四位,截取的目标单元格为A2,那么函数为"＝MID(A2,3,2)"。

引导问题9:使用LOOKUP函数,根据已有的学号三四位完成对班级的填充,在班级列C2单元格中输入"＝LOOKUP()",点击"fx",在弹出的LOOKUP弹窗中依次填入对应的参数内容,第一个参数为"MID(A2,3,2)",第二个参数为_____,第三个参数为_____。

引导问题10:复制工作表可以只复制表格内容,那么使用的方法就是选中需要复制的数据,然后右键单击复制,也可以是直接对整个工作表进行复制,方法是点击工作表标签,右键单击,选择_____,选中_____多选框,选择副本存在位置,点击"确定"即可完成工作表的复制。

引导问题11:分类汇总操作前,首先要做的是对表格数据进行_____,然后选中表格数据区域,点击"数据"选项卡,点击"_____",然后选择"分类字段"、"_____"、"_____",点击"确定"即可完成。

引导问题12:制作图表时,首先选中数据有效区域,点击"插入"选项卡下的"_____",点击"确定"即可完成图表的生成。

评价考核

项目名称	评价内容	评价分数		
		自我评价	互相评价	教师评价
职业素养考核项目	劳动纪律			
	课堂表现			
	合作交流			
专业能力考核项目	学习准备			
	引导问题填写			
	完成质量			
	是否按时完成			
	规范操作			
综合等级		教师签名		

注:评价等级分为A(优秀)、B(良好)、C(合格)、D(努力)4个。

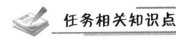

4.1.1 认识 Excel 工作表

4.1.1.1 认识工作簿与工作表

一个 Excel 文件就是工作簿,工作簿用于存储和处理数据,一个工作簿中包含一个或者多个 Excel 表格。在一个工作簿中,Excel 表格是其操作的对象。Excel 表格中的数据记录在单元格中。

如图 4-1 所示,打开一个工作簿文件,可以在工作簿的左下角看到这个工作簿中的 Excel 表格有一个,为 Sheet1,在这里"Sheet1"是表格的默认命名,Excel 表格的命名可以修改为自己需要的名称。一般表格的命名没有特别的要求,可以中英文混合。在 Sheet1 右侧的"+"按钮,是添加工作表的按钮,点击该按钮可以给工作簿增加 Excel 表格。

图 4-1 工作簿与表格

图 4-2 为一个 Excel 表格打开后的图示效果,打开工作簿后,默认打开排在第一的 Excel 表格,Excel 表格都是由行和列组成。表格的行以数字来表示,范围是 1～1048576。表格的列由字母组合组成,从"A"开始,依次为"B","C","D",…,"AA","AB",…,"XFD"。在使用 Excel 表格的时候,一般都不会超过其最大的行列范围。

右键单击表格名,会看到如图 4-2 所示的操作提示,对表格对象的操作可以是"插入"、"删除"、"重命名"、"移动或复制"。插入内容是插入的对象,表格的插入对象如图 4-3 所示,可以插入常用对象或者电子表格方案。表格的删除是指删除当前的 Excel 表格。重命名为修改当前 Excel 表格的名字。移动或者复制表格则是对表格的移动或者是对当前 Excel 表格进行备份。

Excel 表格的最小工作单位为单元格,从图 4-2 中我们可以看到,第一行第一列的单元格也就是一行 A 列的单元格,名称为"A1",左上角所示位置表示为"A1"。

对工作表可以进行放大和缩小,可以直接使用键盘"Ctrl"键+鼠标滚轮进行放大和缩小操作,也可以直接使用右下角的"+"或者"-"符号进行放大和缩小。

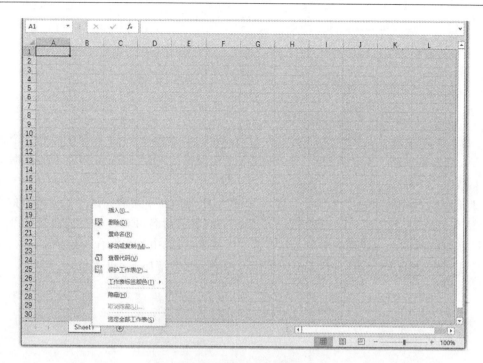

图 4-2 表格名右键提示

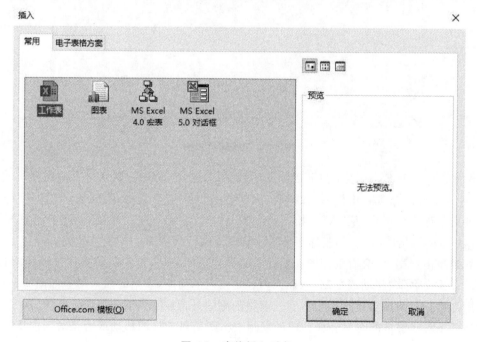

图 4-3 表格插入对象

4.1.1.2 认识单元格

Excel 表格由一个一个单元格组成,单元格是存储数据的基本工作单元。单个单元格直接使用列号＋行号进行表示。如 C8 表示的是 C 列 8 行。不难理解,每一行与每一列的交点处正好是一个单元格。在 Excel 表格中,对单元格的操作可以合并(多个上下左右相临近的单元格,且正好可以组成一个无间隙矩形),拆分(被合并后的单元格)。

　　单元格的区域引用使用英文的冒号":",具体表示形式为"单元格 1:单元格 2",表示以单元格 1 为左上顶点和以单元格 2 为右下顶点的矩形区域。如图 4-4 所示的矩形区域表示的区域就是 B2:D5。

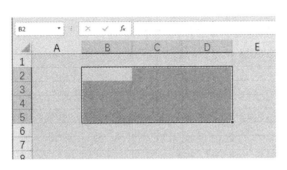

图 4-4　单元格区域

4.1.1.3　单元格的数据类型

　　一个单元格需要记录的数据类型有多种,如图 4-5 所示,右键单击任意一个单元格,点击设置单元格格式,会出现图中所示菜单。

图 4-5　单元格格式菜单

数字选项卡下包含了所有可以在单元格中设置的数据类型。下面一一进行说明：

(1)常规类型

常规类型的数字格式不包含任何特定的数字格式，一般我们在引用函数时使用常规，这样能够避免出现一些单元格内未计算出结果仅显示函数的大长串字符的错误形式。

提示小技巧：如果我们在复制了一些带有公式的表格或者公式的时候，出现填入表格的内容没有计算结果，而是原单元格的公式内容，这时我们可以选择先清除需要填充的表格内容，然后设置这个单元格的格式为"常规"，重新进行粘贴，即可得到想要的结果。

(2)数值类型

数值类型是 Excel 表格中比较常用的数据类型，可以进行基本的数值运算。数值类型可以限定小数的位数，如果小数位数为 0，那么数值类型表示为整数。

提示小技巧：如果输入的数值前面带有 0 开头，那么数值数据会自动去除数据前面的 0。如果输入的数值型数据的小数保留位数是确认的，当输入超出小数位数以后，单元格自动保留设置的小数位数，多余的小数位数会进行"四舍五入"。如设置单元格保留小数点后 2 位，若输入的是"3.54658"，那么单元格会显示为"3.55"，如果输入的数据为"3.54359"，那么单元格显示为"3.54"。

(3)货币与会计专用

货币型与会计专用型二者都能够表示具体数额，是特殊的数值型数据，两者都可以在单元格中的数值数据前加上对应币种的货币符号。二者的不同在于会计专用型会使得数据的小数点对齐。

(4)日期与时间

Excel 表格对日期的存储以特殊的方式进行。在 Excel 表格中，日期是一个序列值，取值为正整数，其范围是 1～2958465。其中 1 表示 1900 年 1 月 1 日，2958465 表示为 9999 年 12 月 31 日。设置一个单元格的格式为日期格式，可以设置日期的显示形式。比如设置单元格的格式为日期格式，显示格式为"××××年××月××日"，那么当输入为 1 时，则会显示为"1900 年 01 月 01 日"。

提示小技巧：日期是一种序列值的数据格式，那么日期是可以比较大小的。日期也可以进行加减乘除运算。

(5)分数、百分数与科学计数

①分数类型即为带有分子和分母的数据类型，Office 2019 对单元格作为分数进行了类型细分，如图 4-6 所示对分数的类型设置有多种，在设置时可按需选择。

②百分比数据类型是指带有百分号"％"的数据类型，如果设置单元格为百分数，那么默认输入的数值就是指百分比的值。如设置单元格为百分比，那么当输入 80 时，单元格的值会显示为 80％。

③科学计数类型为以 10 为底的指数数据类型，一般当一个单元格设置为数值时，若输入的数据长度较大，那么会自动转换为科学计数数据类型。科学计数数据类型的标记为"e"。如数据"1.25e＋03"表示的科学计数的实际形式为"$1.25 * 10^3$"。

(6)文本

文本类型是指一些描述性的文字或者符号等，通常文本由各种符号组合而成。Excel 表格在对文本格式的数据输入时，默认为左对齐。通常在现实生活中，文本格式表示的是一

图 4-6 分数格式

串有特殊意义的数据。比如电话号码,身份证号码等。

文本的输入有两种,其一是首先设置单元格为文本形式,然后在单元格内输入数据;其二是首先在单元格中输入一个英文的上单引号"",然后输入对应的数据。如图 4-7 所示,当单元格输入的数据为文本时,单元格的左上角会有绿色标记。

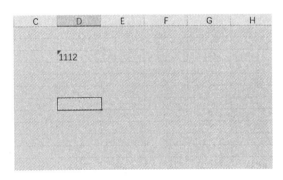

图 4-7 输入文本单元格显示

4.1.1.4 规律性数据快速操作——填充柄

很多时候 Excel 表格中的数据一行或者一列是相同的,或者存在着一定的规律,这个时候如果需要填充这一行或者这一列数据,就要用到 Excel 表格的一个很重要的功能,那就是填充柄。

　　当把光标放置于单元格的右下角顶点处的位置时，填充柄会自动出现，如图4-8所示，Excel表格的填充柄是一个黑色的十字实心形状。当出现填充柄时，按着鼠标左键水平或者竖直移动，即可完成对临近单元格内容的填充。

　　提示小技巧：填充柄填充时，可以按着鼠标左键水平或者竖直移动进行填充，如果需要填充的是一列中的有效数据单元格，可以更快捷的进行双击填充，即在填充柄出现时，左键双击完成整列的数据填充。

　　使用填充柄填充数据有多种选项，填充的最终效果可以进行选择。如果是需要整列内容完全相同，可选择复制单元格；若需要的是递增序列，可选择填充序列；还可以选择仅填充格式、不带格式填充或者快速填充，具体选项如图4-9所示。

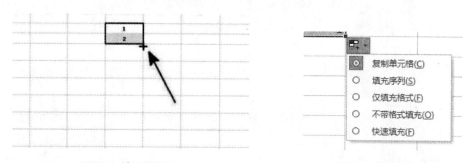

图 4-8　填充柄图示　　　　　　　　　图 4-9　选择填充格式

4.1.1.5　单元格的边框和填充

　　每个单元格都有四条边，可以为单元格设置边框，单个单元格的边框是指其四条边，多个单元格组成的区域有内边框和外边框的分别。在对单元格的边框进行设置时，可设置边框的样式、颜色，还可以有选择地设置边框的单个边缘。单元格边框的设置属性如图4-10所示。

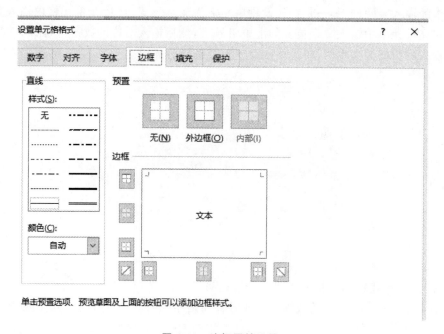

图 4-10　边框属性设置

　　单元格的填充是指对单元格背景的设置，包括设置单元格的背景色，对填充效果进行设置以及选择图案样式等，填充选择具体如图 4-11 所示。

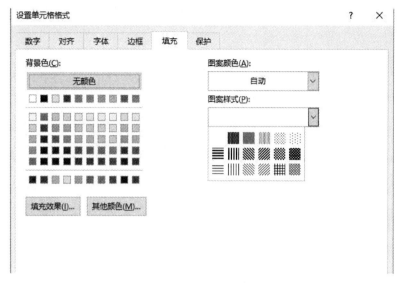

图 4-11　填充效果图示

4.1.2　Excel 表的数据简单操作

4.1.2.1　条件格式的使用

　　单元格的条件格式的功能主要用于根据条件对单元格区域的样式进行更改，使用条件格式的功能可以很直观看出一列或者一部分数据表现出的问题。条件格式的功能具体分为如下几个部分，如图 4-12 所示。

图 4-12　突出显示单元格规则

（1）突出显示单元格规则

突出显示单元格的规则是指需要研究的单元格的值大于、小于、……、重复值等规则下对单元格样式的设置，使用突出显示单元格时，满足条件的单元格将按照条件设置显示对应的内容。

（2）最前/最后规则

最前/最后规则是指自动选择满足指定个数、百分比或高于（低于）平均值的数据单元格，按照最前或最后规则修改表格样式，具体选项如图 4-13 所示。

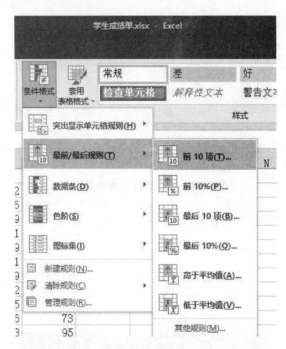

图 4-13　最前/最后规则图示

（3）数据条、色阶、图标集

如图 4-14 所示，数据条用于显示数据单元格数值大小的规则，在单元格中，数据条的长短表示了单元格值的大小。色阶是用颜色的刻度来表示数据的分布和数据的变化的规则。图标集是依照确定的阈值对不同类别的数据显示出不同的图标。

（4）规则的管理

除了以上的规则，还可以对表格数据进行自定义规则，以实现更好的数据显示效果。

4.1.2.2　函数

函数是 Office 开发者预定义的公式，内置在 Excel 中。Office 2019 内置函数已超过400 个，分为多个类别，利用函数可以快速完成各种计算和分析。

函数由函数名和参数列表组成，格式如下：

函数名（参数 1，参数 2，……）

函数的功能不同，其返回值也有所不同。不同的函数对参数的要求有所不同。参数的类型可以是多种数据类型，也可以是其他函数的引用作为其参数值使用。一个函数中的参数包含了其他函数也叫作函数的嵌套。函数的小括号是函数的一部分，不能省略。

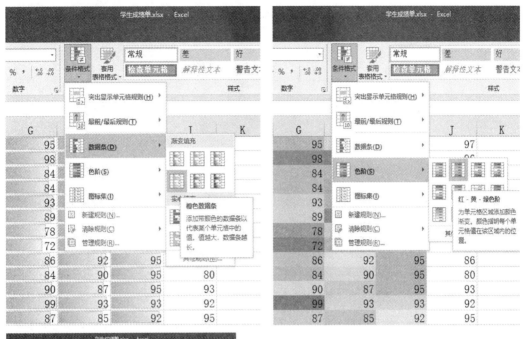

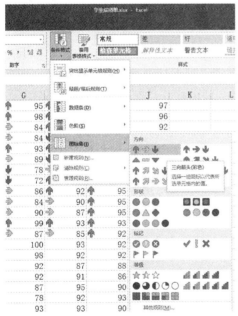

图 4-14　数据条、色阶、图标集选项图示

4.1.2.3　文本函数的使用

文本数据在现实生活中是没有大小的,但文本数据作为一种记录性数据,数据的局部或者整体都有其表示的意义。因此对于文本数据,单纯的比较大小是没有意义的,但文本有长短,文本数据可以进行截取。

（1）LEFT 函数

LEFT 函数即左截取函数,对目标文本数据从左侧第一位开始截取,截取出对应长度的文本。语法格式为:LEFT(需要截取的字符串,截取长度)。

LEFT 函数的一般使用方式如图 4-15 所示。

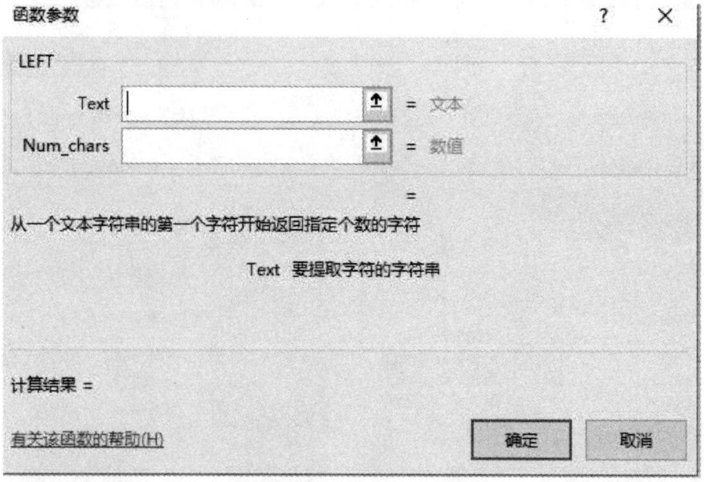

图 4-15　LEFT 函数使用图示

第一个参数 Text 表示需要截取的对象,也就是我们需要截取的字符串,第二个参数表示截取长度。一般而言,一个字符的长度为 1 个单位。如截取"201006",截取长度为 2,那么截取结果为"20"。

(2)RIGHT 函数

RIGHT 函数即右截取函数,对目标文本数据从右侧第一位开始截取,截取出对应长度的文本。其语法格式为:RIGHT(需要截取的字符串,截取长度)。

RIGHT 函数的一般使用方式如图 4-16 所示:

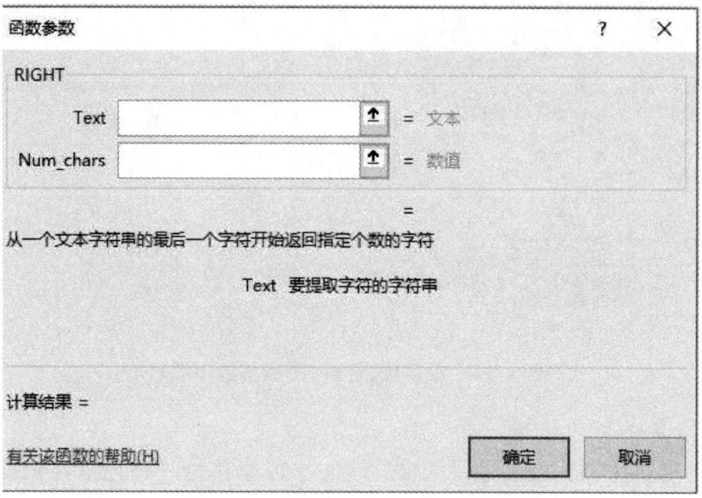

图 4-16　RIGHT 函数使用图示

第一个参数 Text 表示要截取的字符串,第二个参数 Num_chars 表示截取长度。如截取"201006",截取长度为 2,那么截取结果为"06"。

(3)MID 函数

MID 函数即指定位置截取函数,对截取的目标文本按照指定的截取位置,截取指定长度的文本。其语法格式为:MID(需要截取的字符串,截取起始位置,截取长度)。

使用方法如图 4-17 所示。参数 Text 指截取目标文本,参数 Start_num 指截取起始位置,参数 Num_chars 指截取的长度。截取的目标文本最左侧第一个字符编号为 1,第二个字符编号为 2,以此类推。

如截取"201006",截取起始位置 3,截取长度为 2,那么截取结果为"10"。

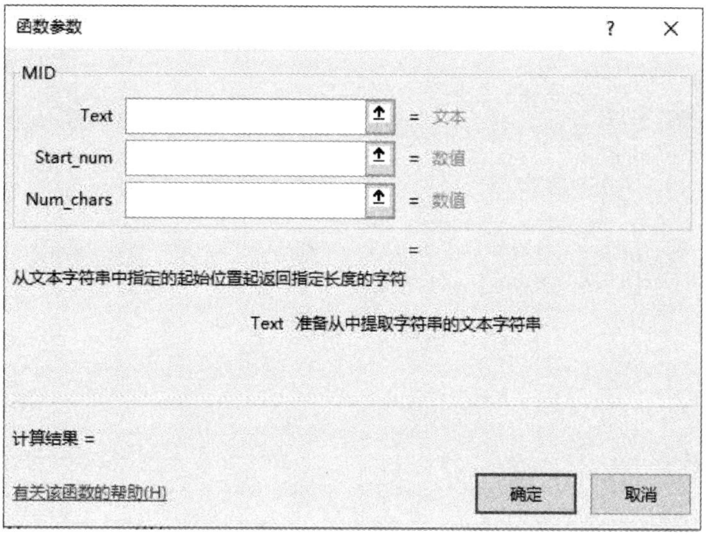

图 4-17　MID 函数使用图示

(4)LEN 函数

LEN 函数为文本长度函数,LEN 函数只有一个参数,就是目标文本。LEN 函数的结果是一个整数,返回文本的字符个数,包含空格在内。语法格式为:LEN(需要求长度的文本)。

LEN 函数的一般格式如图 4-18 所示。如求"201006"的长度,结果为 6。

图 4-18　LEN 函数使用图示

提示小技巧:文本一般是记录了一定意义的字符串,通常使用截取函数对文本的部分内容进行截取,截取结果可以转换为其他数据类型以供使用,如截取身份证号码的出生年月部分，转换为日期，可以根据对应函数求出年龄等。

（5）REPLACE 函数

REPLACE 函数即字符串替换函数，功能是将一个字符串中的部分字符使用另一个字符串替换，可用于隐藏字符、替换字符串等。REPLACE 函数的语法格式为：REPLACE（原始字符串，字符替换起始位置，替换长度，替换的文本）。其一般使用格式如图 4-19 所示。

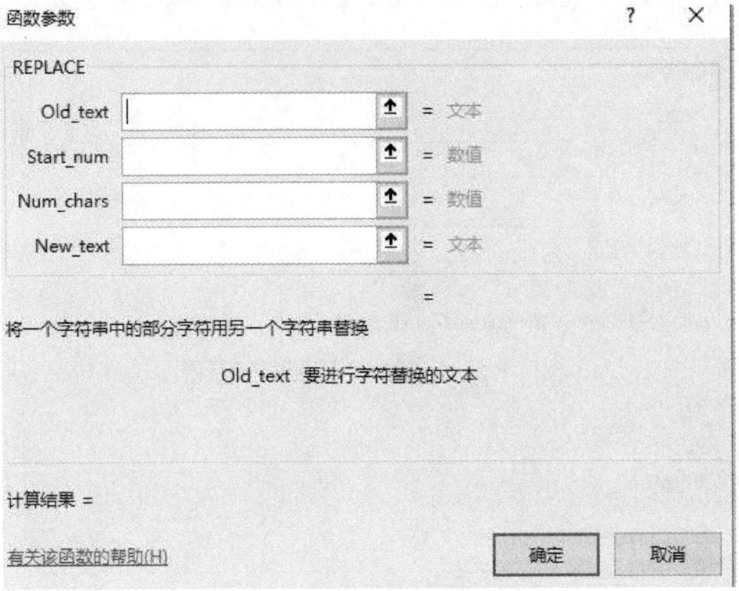

图 4-19　REPLACE 函数使用图示

REPLACE 函数有四个参数，Old_text 指需要替换的文本字符串，也就是原始字符串，可以是某个文本的单元格，也可以是一个文本数据。Start_num 指替换的起始位置，文本数据第一个字符的编号为 1，以此向右，每移动一个字符，则位置编号加 1。Num_chars 是指从起始位置开始，需要替换的长度，一个字符位的长度为 1。New_text 是指需要更换成为的字符串。

4.1.2.4　简单的常用函数

Excel 中的函数可以分为用户自定义函数与系统函数，系统函数又分为常用函数和其他对应的分类函数，如财务函数、日期与时间函数等。

用户自定义的函数也被称作是一般的公式，用户可以按照自己的需求对系统函数进行嵌套或者使用运算符设计，以达到自己运算的目的。Excel 表的运算符为加"＋"、减"－"，乘"＊"，除"/"，以及小括号"（）"。用户自定义的函数需要以"＝"开头，特点如下：

①单元格数据进行运算，引用单元格以代表单元格中的数据，如"B7"。

②可以添加数值，由运算符连接。如"0.2＊B7"。

③使用函数进行嵌套，与运算符一起使用。

（1）单元格的引用

使用函数或者公式处理数据，都会引用单元格或者单元格区域。处理 Excel 表格的单元格数据的优点就在于引用单元格以使得表格数据处理更加方便。

单元格的引用有多种情况,对于平时办公而言,主要有以下几点引用使用。

①相对引用:在计算过程中,直接使用行列定位的单元格进行引用,如 B6,C8 等。在计算完成一行或者一列以后,可以使用填充柄完成剩余行或者剩余列的单元格值的计算填充,公式中的引用也会随着计算的下移而变化,这恰恰是使用者所需要的。由图 4-20 可以很明显地看出单元格计算的效果,在 D1 单元格输入公式"＝A1＋B1＋C1",点击"fx"按钮旁边的对勾"√",完成该行的计算,使用填充柄对 D 列后续的表格完成数据计算填充,会发现公式的计算每行的引用都会发生变化,每行的结果就是本行内容对应单元格的值计算,相对引用具体使用方式如图 4-20 所示。

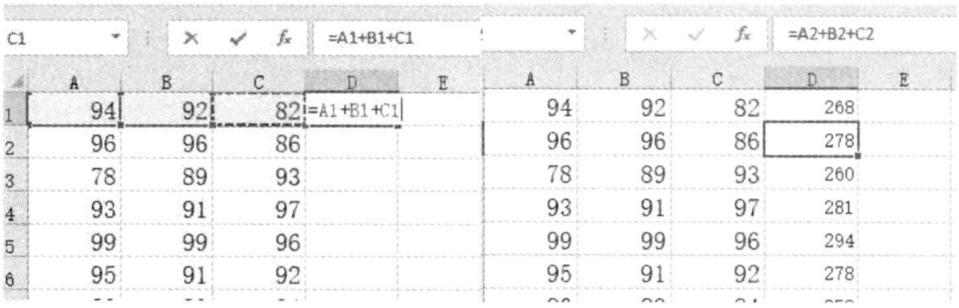

图 4-20　相对引用图示

②绝对引用:指引用区域或者单元格是固定的,需要使用"＄"符号进行标记,如"＄A＄8","＄A＄1:＄C＄8"。使用填充柄进行填充时,不会因为引用而使得单元格或者区域发生变化。绝对引用和相对引用的区别就在于相对应用需要在填充柄使用时引用对象变化,达到对应行或列的计算效果,而绝对引用则是在使用填充柄填充时所有引用的计算都是原有引用区域。如下图 4-21 所示为两种引用的区别,D 列内容为"＝A1＋B1＋C1",E 列内容为"＝＄A＄1＋＄B＄1＋＄C＄1"。

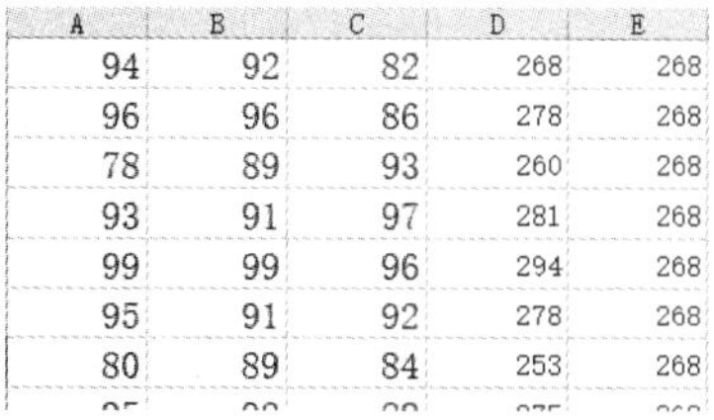

图 4-21　绝对引用图示

③混合引用:绝对引用和相对引用均包含。"＄"符号加在行前行不可变,加在列前列不可变,如"＄A8"表示引用的是 A 列内容 A8 单元格的值,但用填充柄向下填充引用时,则会变为＄A9、＄A10,…。同样,加在行号前面,那么就是列序变化,行号不变。

提示小技巧:不在同一个工作表引用单元格或区域时,需要在引用区域前加上"表名!"。如需要绝对引用学生成绩表的 A3:C10,那么引用的格式为"学生成绩表!＄A＄3:＄C＄10",注意在这里引用的感叹号是英文格式。

(2)求和函数 SUM

求和函数 SUM 可用于对行、列或者用户指定范围的数据进行求和计算。如图 4-22 所示,Number1 可以引用一个单元格,也可以引用一个区域,在进行计算时,单元格的逻辑值或文本将会被忽略。

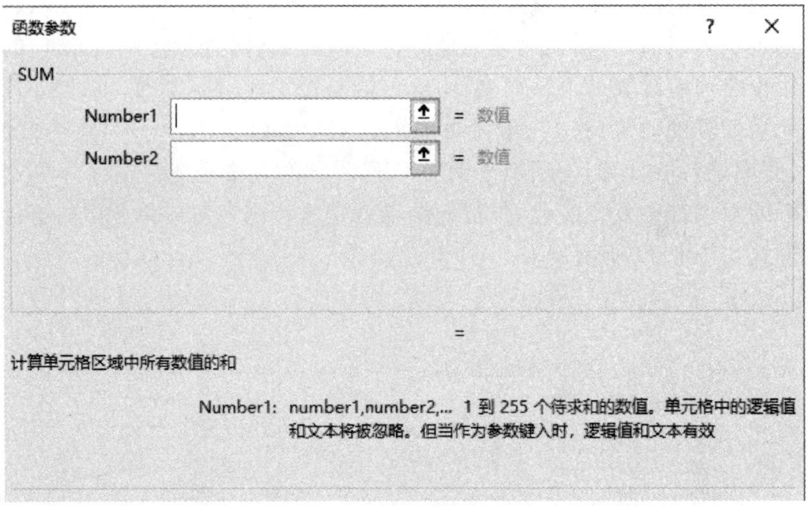

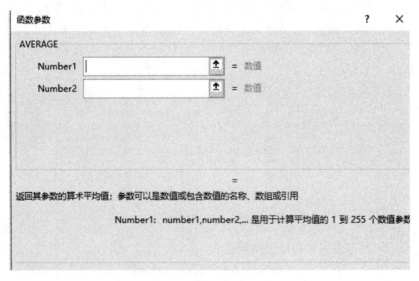

图 4-22　SUM 函数使用图示

（3）求平均函数 AVERAGE

求平均函数 AVERAGE 用于计算多个单元格或者区域的算术平均值。如图 4-23 所示，Number1 可以是一个单元格，也可以是一个区域。

图 4-23　AVERAGE 使用图示

（4）查找与引用函数 LOOKUP

LOOKUP 函数主要用于查找和引用，其函数格式有两种。

①格式 1：LOOKUP（查找值，查找区域）

②格式 2：LOOKUP（查找值，查找数组，结果数组）

使用格式 1 用于查找区域中对应行的最末列内容，查找区域至少包含两列。如图 4-24 所示，使用格式 1 的要求是查找值应该包含在查找区域的第一列，如果没有包含，那么查找失败;如果包含在查找区域的第一列,那么查找成功,返回查找区域的最末列对应的内容。

	A	B	C	D	E	F	G	H	I	J	K	L
1	学号	姓名	语文	数学	英语	生物	地理	历史	政治			
2	200109	张春新	99	101	89	82	94	92	82		姓名	成绩
3	200110	谢丽丽	105	94	94	90	96	96	86		李天一	
4	200303	邓星	84	100	97	87	78	89	93			
5	200307	李晓梅	84	99	83	95	93	91	97			
6	200101	万雪艳	97.5	106	108	98	99	99	96			
7	200204	万宇	95.5	92	96	84	95	91	92			
8	200210	朱思捷	90	96	95	84	80	89	84			
9	200304	向文丽	95	97	102	93	95	92	88			
10	200105	周燕	88	98	101	89	73	95	91			
11	200104	谢俊宇	102	116	113	78	88	86	73			
12	200106	张丽玲	90	111	116	72	95	93	95			
13	200108	赵晓丽	96	112	75	86	92	95	86			
14	200308	艾俊杰	79	104	94	84	90	95	80			
15	200306	刘思思	101	94	99	90	87	95	93			
16	200102	李天一	110	95	98	99	93	93	92			
17	200112	白晶	98	96	96	87	85	92	95			
18	200201	刘文茂	93.5	107	96	100	93	92	93			
19	200103	张二宝	95	85	99	98	92	92	88			
20	200212	冯喜奎	92	86	76	92	87	88	90			
21	200305	蒋玉文	91.5	89	94	92	91	86	86			
22	200107	李春生	84	114	92	87	95	90	85			
23	200310	魏克莲	104	89	100	78	92	93	83			
24	200205	张毅	103.5	105	105	93	93	90	86			

图 4-24　LOOKUP 函数格式 1 使用图示

若要查找李天一的成绩,使用 LOOKUP 函数查找,那么查找值即为 K3,查找区域若为 B2:C24,那么结果为李天一语文成绩的值,若查找区域为 B2:D24,那么结果为李天一数学成绩的值。查找区域最后一列的值即为查找到对应行以后的返回值。

使用格式 2 用于映射查找,查找数组为包含查找值的数组,如图 4-25 所示,结果数组与查找数组是一一对应的,结果数组的数据类型可以是多种类型。其计算原理是查找值遍历查找数组,若查找数组包含查找值,那么函数的结果就为查找数组中包含值位置对应的结果数组中的值。

A	B	C	D	E	F	G	H	I
学号	姓名	班级号	班级	语文	数学	英语	生物	地理
200109	张春新	01		99	101	89	82	94
200110	谢丽丽	01		105	94	94	90	96
200303	邓星	03		84	100	97	87	78
200307	李晓梅	03		84	99	83	95	93
200101	万雪艳	01		97.5	106	108	98	99
200204	万宇	02		95.5	92	96	84	95
200210	朱思捷	02		90	96	95	84	80
200304	向文丽	03		95	97	102	93	95
200105	周燕	01		88	98	101	89	73
200104	谢俊宇	01		102	116	113	78	88
200106	张丽玲	01		90	111	116	72	95
200108	赵晓丽	01		96	112	75	86	92
200308	艾俊杰	03		79	104	94	84	90
200306	刘思思	03		101	94	99	90	87
200102	李天一	01		110	95	98	99	93

图 4-25　LOOKUP 函数格式 2 使用图示

班级号 01 对应 1 班,02 对应 2 班,03 对应 3 班。现在需要根据班级号将班级填入对应表格中，使用 LOOKUP 即可完成，公式为：LOOKUP(C2,{"01","02","03"},{"1 班","2 班","3 班"})，其中查找数组和结果数组要用大括号"{}"括起来。

4.1.2.5 分类汇总功能

有时候，需要将 Excel 表格的数据按照某个字段分类汇总。分类汇总按照某种分类需求，可以更加清晰地得到想要的数据结果。想要对表格数据进行分类汇总，首先需要对表格按照分类字段进行排序。

（1）数据的排序

数据的排序在 Excel 表格的使用中比较普遍，Office 允许按照某个字段的值或者单元格的属性以及条件格式图标对某一列数据进行排序，允许依照多个条件进行排序，按照主要关键字和次要关键字进行，如图 4-26 所示。

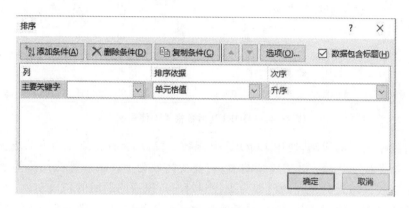

图 4-26　排序条件选择图示

（2）分类汇总

分类汇总功能是否可以正确使用，首先需要确认是否已按照分类字段对表格完成了排序，在正确完成了排序以后，选择需要分类汇总的区域（包含表字段名）。分类汇总功能包含分类字段、汇总方式、汇总项。分类字段只能选择表中字段的一个，汇总方式可以是求和、求平均、最大值、最小值等，汇总项则依照所需选择即可，具体选项如图 4-27 所示。

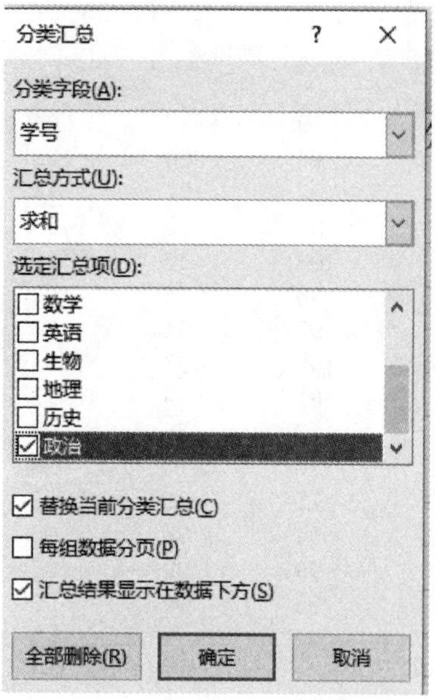

图 4-27　分类汇总选项图示

4.1.3　图表分析

在 Excel 表格中，根据工作表中的数据可以生成多种图表。图表可以清楚直观地反映出数据间的差异和变化，有效地反映数据的情况趋势。使用 Excel 表格中的数据生成的图表，在 Excel 表格的数据发生变化时，图表也会随着数据的变化而变化。图表数据来源于数据表格，利用条、柱、点、面等按照单向联动的方式组成。

如图 4-28 所示，图表的种类有很多种。Excel 提供了柱形图、折线图、饼图等 15 种图表类型，用户在制作图表时，可以根据自己的需求选择图表的类型。如需

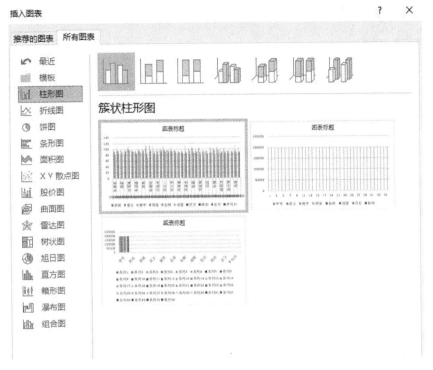

图 4-28 图标种类图示

要比较各个数据间的大小关系可以选择柱形图,需要反映出数据的变化趋势可以选择折线图等。

以柱形图为例,柱形图图表分为横坐标轴和纵坐标轴,坐标轴内显示出柱状结构,以显示出各个数据间的对比关系。如已知三个班级各科的平均成绩,求每个班各科成绩簇状柱形图,可以按着 Ctrl 键,依次选择科目名称、1 班各科平均值、2 班各科平均值、3 班各科平均值,选择插入图表为簇状柱形图,具体如图 4-29 所示。

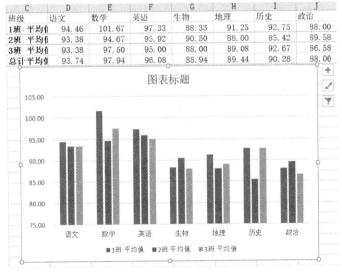

C	D	E	F	G	H	I	J
班级	语文	数学	英语	生物	地理	历史	政治
1班 平均值	94.46	101.67	97.33	88.33	91.25	92.75	88.00
2班 平均值	93.38	94.67	95.92	90.50	88.00	85.42	89.58
3班 平均值	93.38	97.50	95.00	88.00	89.08	92.67	86.58
总计平均值	93.74	97.94	96.08	88.94	89.44	90.28	88.06

图 4-29 图标生成实例

总　结

任务 4.2　图书销售统计分析

学习目标：

1. 学会 Excel 表格的自动套用格式；

2. 学会使用自定义设置日期格式；

3. 学会使用 VLOOKUP 函数对数据表格进行数据填充；

4. 学会使用 SUMIFS 函数对数据进行条件求和；

5. 学会使用 WEEKDAY 函数对日期数据进行操作；

6. 学会使用 IF 函数对数据进行判断。

思政小课堂：

数据挖掘的目的在于使用。用科学缜密的思维对数据进行统计分析，以统计分析结果有效指导实践，能让决策变得更有针对性和说服力。

视频资源：

图书销售统计

任务描述

使用 Excel 表格经常会遇到大量的数据需要进行统计分析，有些时候需要根据多个 Excel 表格的数据对总表数据进行填充，在这个时候，使用一些复杂函数或者函数的嵌套使用对表格数据进行处理，既能节约时间、提升效率，又能够提高准确率。

　任务书

小鹿老师兼职在一家图书销售公司工作,这家图书销售公司旗下有三家书店,分别是新知书店、航天书店、新源书店。现在小鹿老师根据三家书店提供的 2019—2020 年的图书销售数据,得到了一个 Excel 工作簿。根据图书销售的情况,小鹿老师需要对图书销售数据进行统计分析,以核算对应书店的及图书的销售情况。根据公司需要,小鹿老师需要完成以下几个部分的内容:

①工作簿中共有三个 Excel 表格,分别是订单明细表、编号对照表、统计报告。完成对订单明细表套用一种表格格式,并将表格的单价和小计设置为会计专用(人民币)数值格式。

②对日期列进行格式化调整,使得日期的显示由"YYYY 年 MM 月 DD 日"调整为"YYYY 年 MM 月 DD 日 星期 X"。

③依据图书编号作为主要参照字段,完成对出版社、图书名称、图书价格的数据填充。

④在订单明细表中,计算小计列的每笔订单销售额。

⑤在订单明细表中,根据日期列数据,填充是否为周末列的内容。

⑥根据订单明细表中的数据,统计《Java 面向对象程序设计》一书 2020 年的订单销售总额。

⑦根据订单明细表中的数据,统计新知书店 2020 年第三季度的销售总额以及 2019 年每月平均销售额。

⑧根据订单明细表中的数据,统计三家书店周末订单数量在总订单数中的占比。

获取信息

引导问题 1:表格的样式的设置要注意多个方面,比如表格的颜色、字体以及单元格列的属性等。表格的样式可以依据个人喜好单独进行设置,也可以一步到位进行_____,你认为什么样的表格样式比较美观呢? 说出你的理由。

....

....

引导问题 2:Excel 表的单元格可以设置格式,无论这个单元格是否已经填充数据,都可以设置单元格的格式,以下哪些不属于单元格的格式(　　　　　)

A. 数值类型　　B. 底纹　　C. 边框　　D. 行高与列宽　　E. 对齐方式　　F. 字体样式

引导问题 3:一个日期一般包括年、月、日,请举例说明日期书写格式都有哪些?

....

....

引导问题 4:对于自然界存在的各个对象,若需要有效进行识别,需要给它添加一个唯一性标记,这样能够保证这个对象不与其他对象重复。图书的编号就是一个唯一性标记,你还能说出哪些其他有唯一性标记的对象?

....

引导问题5：周末是休息的时间，要判断哪一个日期是周末，可以通过查找日历进行，请思考：如果有成百上千个日期需要你来判断是否为周末，你可以怎么快速来处理呢？

引导问题6：直接对数据进行求和可以简单进行相加即可，若需要对求和的数据引入一些条件进行求和，则需要对数据进行筛选，满足条件的相加，不满足条件的舍去。如需要求出 2019 年《Java 程序设计基础》图书的销售额，那么里面包含了几个条件呢？试分析之。

任务实施

1. 表格样式

引导问题7：设置表格样式，若选择表格样式自动套用，首先选择需要套用格式的数据区域，然后在"开始"选项卡下，点击"_____"。根据具体要求，选择需要的样式。

引导问题8：对一列或者一行数据的表格样式进行设置，需要首先选择一列或者一行，然后在选中的列或行单击右键，选择"_____"，选择需要的格式对单元格进行设置。

2. 日期格式

引导问题9：对已经填充了日期的单元格的数据，设置其显示格式为"YYYY 年 MM 月 DD 日 星期 X"，需要设置单元格的格式为自定义格式，自定义为"_____"。若设置日期的显示格式为"YYYY 年 MM 月 DD 日 X"，X 表示星期的具体值，那么应该自定义格式为"_____"。

3. 多条件求和

引导问题10：使用 SUMIFS 函数对多个条件下的数据进行求和，需要把求和数据的（　　）作为第一个参数。

A. 全部　　　　　　　　　　　　　B. 前 300 行以内

C. 前 500 行以内　　　　　　　　　D. 第一行

引导问题11：SUMIFS 函数的求和条件设置，需要将一个完整的条件进行拆分，如 2019 年，表示的格式为"2019-1-1＜＝日期＜＝2019-12-31"，在 SUMIFS 函数的参数内容填入时，格式为（　　）

A. 日期列，"＞＝2019-1-1"，日期列，"＜＝2019-12-31"

B. 日期列，"＞＝2019-1-1"，"＜＝2019-12-31"

C. "2019-1-1＜＝"日期列"＜＝2019-12-31"

D. 日期列，＞＝2019-1-1，日期列，＜＝2019-12-31

4.计数函数

引导问题 12:计数函数 COUNT 的用法说明,你认为哪个说法是不正确的(　　)

A. COUNT 函数可以对任意的数据进行计数,所得结果为单元格数目。

B. COUNT 函数对数值数据进行计数时,只对数值的个数进行计数,数值的大小不影响计数的结果。

C. COUNT 函数在对单元格数据进行计数时,数值数据会影响 COUNT 函数的结果。

D. COUNT 函数只能对数值数据进行统计,除数值外,其余数据不可使用 COUNT 函数。

引导问题 13:使用 COUNTIFS 函数进行统计时,汇总项的列的范围不仅可以是数值列,也可以是非数值列,你可以和 SUMIFS 函数的使用方式进行比较,说出两者的异同吗?

 评价考核

项目名称	评价内容	评价分数		
		自我评价	互相评价	教师评价
职业素养考核项目	劳动纪律			
	课堂表现			
	合作交流			
专业能力考核项目	学习准备			
	引导问题填写			
	完成质量			
	是否按时完成			
	规范操作			
综合等级		教师签名		

注:评价等级分为 A(优秀)、B(良好)、C(合格)、D(努力)4 个。

 任务相关知识点

4.2.1　Excel 表格简单设置

4.2.1.1　表格自动套用格式

表格样式的设置,用户既可以手动设置表格样式,也可以使用 Excel 提供的自动表格样式进行套用。Excel 提供的自动表格样式是已内设好的表格样式,共有 60 种深浅不一的表格样式,每种格式都具有不同的填充样式。自动套用格式可自动识别 Excel 工作表的汇总层次及明细数据具体情况,然后统一地对它们的样式进行套用更改。套用表格格式的可选项目如图 4-30 所示。

需要注意的是,用户若要使用自动套用表格格式,首先需要选中需要套用格式的范围,

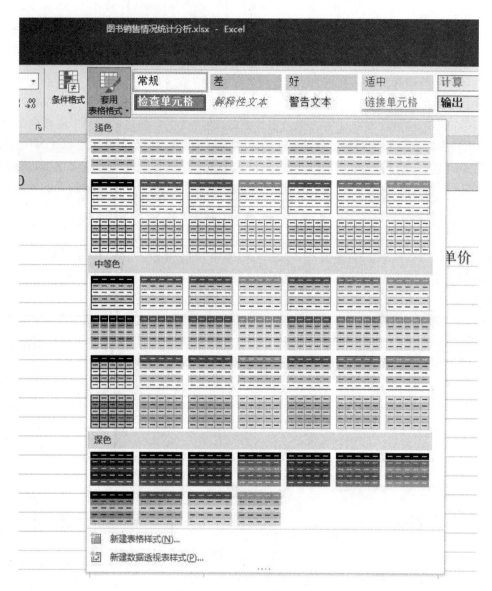

图 4-30　套用表格格式选择

如果用户没有事先选中需要套用的区域，那么 Excel 将对整个工作表的格式进行设置。

　　若表格已经设置了套用格式，当需要去掉已经套用的格式时，需要选中已套用表格样式区域，这时表格菜单栏会出现"设计"选项卡，在套用表格样式处点击"删除"，即可去除已经套用的表格样式。需要注意的是，若已经对表格进行了样式套用，此时删除表格样式不一定完全清除，需要手动进行清除。如图 4-31 所示，自动筛选功能在套用后自动存在。

　　4.2.1.2　自定义日期数据类型

　　日期类型有很多种表现形式，如图 4-32 所示。用户需要日期显示怎样的效果，需要对日期的类型进行选择。但有些用户特殊需求的日期显示样式未在普通日期显示类型中，就需要用户自定义数据的类型。用户自定义的数据有多种样式，在这里仅对日期作为自定义的样式进行说明。

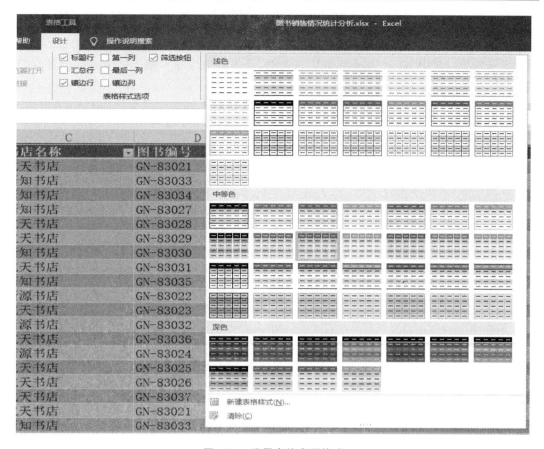

图 4-31　设置表格套用格式

图 4-32　日期数据类型

假设原有的日期显示格式为"YYYY 年 MM 月 DD 日"，需将日期格式调整为"YYYY 年 MM 月 DD 日 星期 X"，那么需要自定义的日期格式为"yyyy"年"m"月"d"日"aaaa"，即可达到显示效果。其中"aaaa"表示星期几的意思，如果改为"aaa"，那么显示效果会没有"星期"二字，如星期四，则显示为"四"。

4.2.2　星期处理函数

4.2.2.1　WEEKDAY 函数

WEEKDAY 函数是一个返回代表一周中第几天的数值的函数，返回值为 1～7（或 0～6）之间的整数，语法格式为：

$$WEEKDAY（日期，返回值类型数字）$$

其中日期为需要求值的具体日期，对日期的格式没有限制，返回值类型数字有多个，可以是 1、2、3 中的任意一个，返回值依据返回值类型数字的不同而有所不同，返回值与返回值类型对应关系具体如表 4-2 所示。

表 4-2　WEEKDAY 返回值类型数字规则明细

返回值类型数字	星期一	星期二	星期三	星期四	星期五	星期六	星期日
1	2	3	4	5	6	7	1
2	1	2	3	4	5	6	7
3	0	1	2	3	4	5	6

使用 WEEKDAY 函数可以求出日期对应的星期几的值，用户可以根据求出的日期星期值判断日期的星期属性，完成一些对应需求的工作内容。如需要判断是否为周末加班，那么需要对对应的日期进行判断，这个时候就需要首先使用 WEEKDAY 函数求出对应日期的星期值，然后进行下一步的判断。

4.2.2.2　WEEKNUM 函数

WEEKNUM 函数用于返回某个日期在一年中的周数，语法格式为：

$$WEEKNUM（日期，返回值类型数字）$$

参数日期为目标日期，不区分日期格式，返回值类型数字为 1 或 2。返回值类型数字若为 1 或者省略，那么以周日作为每周开始的第一天；若为 2 则以周一作为每周开始的第一天。

4.2.2.3　NETWORKDAYS

NETWORKDAYS 用于返回开始日期和结束日期之间的所有工作日数，其语法格式为：

$$NETWORKDAYS（开始日期，结束日期，排除的假期）$$

开始日期指计算工作日指定的开始日期，结束日期为指定计算工作日结束的日期，排除的假期指在工作日中排除的特定日期。

如需要计算员工在一个阶段的工作日，需要知道一个开始日期、一个结束日期，排除对应的假期如清明节、端午节等，第三个参数需要将排除的假期日期填入。

4.2.3　逻辑函数

Excel 表格中可以使用逻辑函数对单元格值进行判断或者检验。逻辑函数对单元格的判断或者操作会出现两种结果，就是 true 或 false，也就是日常所说的"是"和"不是"，"真"和"假"。

4.2.3.1　IF 函数

IF 函数用于判断一个条件是否成立,其一般语法格式为:

IF(条件表达式,为真的返回结果,为假的返回结果)

条件表达式可以是对单元格的某种逻辑判断,也可以是对其他函数的嵌套结果的判断;为真的返回结果是条件表达式结果判断为真时填入对应单元格的值或者其他形式的公式运算;为假的返回结果是条件表达式为假时返回的值或者其他形式的公式运算。

IF 函数可以省略后面两个参数,那么返回值就是 TRUE 或者 FALSE。

提示小技巧:IF 函数按照条件表达式的值将结果分为两种情况,如果需要对结果判断分为两种以上的结果,那么需要使用 IF 的嵌套完成。IF 的嵌套最多可以使用 64 个。比如对水费计算的分段结果进行计算就可以使用 IF 嵌套完成,每人月均使用生活用水 3 吨以内,水费价格 3.5 元/吨,每人月均使用生活用水超过 3 吨但少于 6 吨,4.5 元/吨,每人月均使用生活用水超过 6 吨,6 元/吨,求用水的单价可以使用公式:"＝IF(A10＜＝3,3.5,IF(A10＜＝6,4.5,6))"。

4.2.3.2　IFS 函数

IFS 函数为多条件判断函数,Office 2019 版本开始新增,用于多个条件的判断。与 IF 函数相比,IFS 在逻辑上更易理解,其语法格式为:

IFS(条件 1,值 1,条件 2,值 2……条件 N,值 N)

值 1、值 2、……、值 N 为其对应条件判断为 TRUE 时的返回结果。

4.2.3.3　AND 函数

AND 函数为判断多个条件是否能够同时成立的函数,其语法格式为:

AND(条件 1,条件 2,…,条件 N)

条件 1 是必须要有的,只有条件 1 为真,那么才会对条件 2 进行判断,条件 2 也为真,才会接着往下判断。在多个条件判断过程中,只要遇到一个为假的,整个判断停止,返回 FALSE。AND 函数最多可以容纳 255 个条件的判断,在判断过程中,只要有一个条件为假,整个函数值即为假,只有所有条件为真,结果才为真。

提示小技巧:AND 函数通常与 IF 函数嵌套使用,IF 函数的条件表达式可以使用 AND 函数进行多条件的串联,以达到多条件判断的效果。

4.2.3.4　OR 函数

OR 函数为判断多个条件是否有其中一个为真的,语法格式如下:

OR(条件 1,条件 2,条件 3,……,条件 N)

OR 函数的条件 1 是必需的,先判断条件 1,只有条件 1 为假,才会接着判断条件 2,条件 2 为假,才会接着判断条件 3。若在判断多个条件时,先被判断为真的条件之后的条件将不再判断,函数返回为真。若所有的条件全部为假,那么结果返回为假。

提示小技巧:OR 函数通常与 IF 函数嵌套使用,IF 函数的条件表达式可以使用 OR 函数进行多条件的并联,以达到多条件判断的效果。

4.2.3.5　NOT 函数

NOT 函数也被叫作"非"判断,其语法格式为:

NOT(条件表达式)

返回结果条件表达式的结果正好相反。

提示小技巧：NOT 函数的返回结果有一句话可以概括："非真即假，非假即真"。

4.2.4　查找和引用函数

Excel 表格中，往往需要依据参照值对表格或者区域中的值进行查找，这时候需要使用查找和引用函数。查找和引用函数包括 VLOOKUP，HLOOKUP，MATCH，LOOKUP。其中，LOOKUP 函数在任务 4.1 中已作了介绍。

4.2.4.1　VLOOKUP 函数

VLOOKUP 函数依据查找值按照列方式进行查找。其语法格式为：

VLOOKUP（查找值，目标区域，返回列编号，匹配精度）

查找值即为查找的参照值，这个值一般要求能够唯一代表查找记录，在数据库的使用中，查找值通常为实体的主键（唯一标识一行记录的字段）。目标区域为查找的区域或者范围，目标区域的要求是首列包含查找值或首列是查找值比对列。返回列编号是指查找比对成功后返回的目标区域值对应的列。匹配精度主要有两种，一种是大致匹配，一种是精确匹配，数字 0 或 FALSE 在这里表示精确匹配，其余数字或 TRUE 表示大致匹配。参数查找值、目标区域、返回列编号为必需参数，匹配精度参数可以省略，若匹配精度省略，则默认为精确匹配。

例如现在需要根据编号对照表的内容，将出版社信息填充到订货明细表中，可以看出查找值就是图书编号，查找区域为编号对照表的区域，编号对照表的区域如图 4-33 所示。

	A	B	C	D
1	图书编号对照表			
2	图书编号	图书名称	出版社	定价
3	GN-83021	《Office办公自动化》	人民邮电出版社	￥ 49.00
4	GN-83022	《平面图像处理》	清华大学出版社	￥ 52.00
5	GN-83023	《程序逻辑与编程基础》	清华大学出版社	￥ 32.00
6	GN-83024	《计算机文化基础》	机械工业出版社	￥ 48.00
7	GN-83025	《Java面向对象程序设计》	大连理工出版社	￥ 42.00
8	GN-83026	《网页设计与制作》	人民邮电出版社	￥ 50.00
9	GN-83027	《MySQL数据库程序设计》	清华大学出版社	￥ 38.00
10	GN-83028	《Java项目开发实战基础》	清华大学出版社	￥ 64.00
11	GN-83029	《计算机网络技术》	机械工业出版社	￥ 46.00
12	GN-83030	《SQL Server数据库技术》	大连理工出版社	￥ 45.00
13	GN-83031	《软件测试技术》	人民邮电出版社	￥ 30.00
14	GN-83032	《软件项目管理》	清华大学出版社	￥ 39.00
15	GN-83033	《Android应用基础开发》	人民邮电出版社	￥ 44.00
16	GN-83034	《Linux操作系统》	清华大学出版社	￥ 39.00
17	GN-83035	《计算机组装与维护》	清华大学出版社	￥ 42.00
18	GN-83036	《数据库原理及应用》	机械工业出版社	￥ 39.00
19	GN-83037	《大数据技术与应用》	大连理工出版社	￥ 63.00

图 4-33　VLOOKUP 函数的查找区域

在选择区域对出版社进行填充时，必须要做到的是至少选择红色标记区域。因为查找是以图书编号为查找值，因此区域选择必须从图书编号列开始。由于对出版社填充后，剩余行也要引用函数进行填充，因此图书编号查找区域要做绝对引用，即"＄A＄3：＄C＄19"，才能保证后续填充数据的正确性。则返回列编号为 3。

具体操作的函数如图 4-34 所示。

提示小技巧：VLOOKUP 函数在 Excel 表格的使用中占有重要地位，有些时候被认为是 Office 入门级别函数。使用 VLOOKUP 函数进行搜索时，目标值对应的是搜索区域的

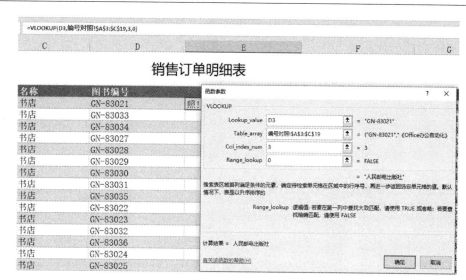

图 4-34　对照区域绝对引用

第一列,精确匹配要求必须查找到这个值才会返回对应列的内容填入对应单元格中,若查找不到,则会返回♯N/A。返回列编号最小为 2,返回列编号是以所选择区域的第一列开始编号,且第一列编号为 1。使用 VLOOKUP 进行对数据的填充时,如果需要使用填充柄套用公式,那么查找区域要考虑是否绝对引用。

4.2.4.2　HLOOKUP 函数

HLOOKUP 函数依据查找值按照行方式进行查找。语法格式如下:

HLOOKUP(查找值,查找区域,返回行编号,匹配精度)

与 VLOOKUP 类似,HLOOKUP 函数查找值在查找区域的第一行进行查找比对,返回对应行编号的值,匹配精度与 VLOOKUP 类似。

4.2.4.3　MATCH 函数

MATCH 函数功能主要是在单元格区域中搜索指定项,然后返回该项在单元格区域中的相对位置。其语法格式为:

MATCH(查找值,查找区域,查找方式)

查找区域要求必须是单列多行或者单行多列。查找方式分为−1,0,1 三种。−1 表示查找大于或者等于查找值的最小值,查找区域必须降序排列;0 表示查找等于查找值的第一个数值;1 表示查找小于或者等于查找值的最大值,查找区域必须降序排列。查找值须在查找区域存在,若不存在,则会返回♯N/A。

4.2.5　条件求和函数

在实际的应用中,SUM 函数通常会被使用,但 SUM 的缺点在于不能对求和区域或者求和的单元格进行筛选,会将所有求和的单元格全部进行计算。为了弥补 SUM 求和的缺点,Office 引入了单条件求和 SUMIF 函数和多条件求和 SUMIFS 函数。

4.2.5.1　SUMIF 函数

SUMIF 函数使用频率较高,通常用于对区域中符合指定的单个条件的值求和。其基本语法格式为:

$$SUMIF(条件区域,指定条件,求和区域)$$

SUMIF 函数的计算形式会依照条件区域和指定的条件判断的结果,将对应求和区域满足求和的项进行求和计算,返回计算的结果。使用 SUMIF 函数时,第三个求和区域与条件区域重合,可省略求和区域。如图 4-35 所示,需要筛选出单个条件书籍的销售额供 SUMIF 函数使用。

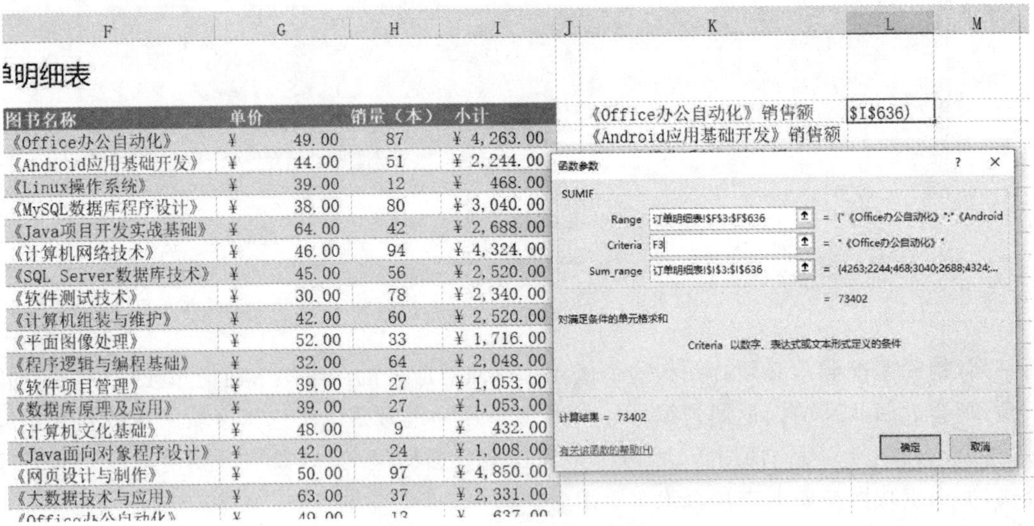

图 4-35　SUMIF 函数的使用

提示小技巧:使用 SUMIF 或其他函数时,有时需要选择整个表格的有效区域或者某一列有效数据区域,此时在选择时,如果数据较多,通过拖动鼠标的方式就显得过于缓慢,使用快捷键"Ctrl＋Shift＋↓"可以快速完成一行或者一个有效区域的选择。

4.2.5.2　SUMIFS 函数

在 Office 2007 之后,多条件求和 SUMIFS 函数也出现了,它是对 SUMIF 函数的扩展和延伸,使用频率逐渐增加,成为办公常用的函数之一。SUMIFS 函数是多条件求和函数,它的语法规则是:

$$SUMIFS(求和区域,条件1判断区域,条件1内容,[条件2判断区域,条件2内容],\cdots\cdots)$$

求和区域是指所有需要求和的部门,在这里可以是一列,也可以是一个区域。条件 1 的判断区域是指条件 1 需要进行判断的所有对应的单元格区域,一般为一列连续的内容,条件 1 的内容是指对条件 1 判断区域的筛选条件要求,比如大于(＞)某个数值等。

多条件求和的最终结果是实现了满足所有条件筛选后,求出对应的符合所有条件的求和区域中数据的和。

例如现在需要求出订单中所有清华大学出版社的图书 2019 年的销售额。对这个题目的要求进行分析,求和内容是求销售总额,条件有两个,一个是需要筛选出清华大学出版社的图书,另一个是 2019 年的订单。根据条件的分析,出版社这一列也就是"E3:E636"为条件 1 判断区域,条件 1 的内容为"清华大学出版社"。条件 2 的判断区域为日期列"B3:B636",条件 1 的内容为两部分,其一是"＞＝2019-1-1",其二是"＜＝2019-12-31",事实上,条件 2 可以看作是两个条件。求和区域即为小计列内容"H3:H636"。再对这个求和进行分析以后，得出 SUMIFS 函数使用如图 4-36 所示。

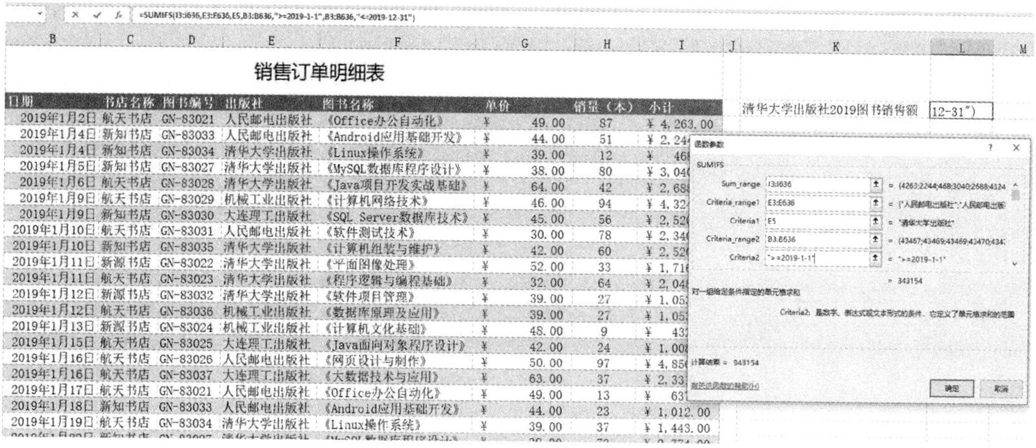

图 4-36　SUMIFS 函数的使用

4.2.6　统计函数

Excel 的统计函数用于对数据区域进行统计分析，统计函数分为很多种，包含了统计量函数、频率分布函数、概率分布函数等。下面具体对 COUNT 函数、COUNTBLANK 函数、COUNTA 函数、COUNTIF 函数、COUNTIFS 函数进行讲解。

4.2.6.1　COUNT 函数

COUNT 函数用来统计数值型数据的个数，如图 4-37 所示。

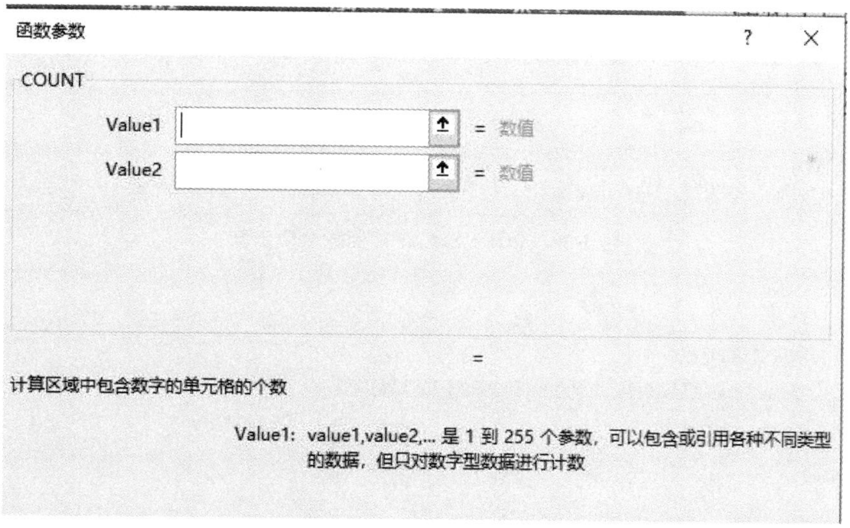

图 4-37　COUNT 函数的使用

参数的内容可以是区域，可以是某行或者某列，也可以是区域和行列的组合，最终统计得出有效数据单元格的个数。

例如对一个区域进行统计有效数据单元格的个数，如图 4-38 所示，得出的结果为所选区域的有效数值单元格。

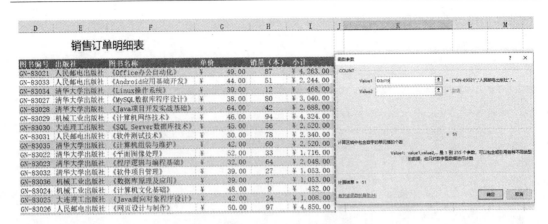

图 4-38　COUNT 函数使用示例

4.2.6.2　COUNTBLANK 函数与 COUNTA 函数

COUNTBLANK 函数用于统计空单元格的个数，它与 COUNTA 函数刚好相反。COUNTA 函数用于统计非空单元格的个数。

图 4-39、图 4-40 分别为用 COUNTBLANK 与 COUNTA 函数进行统计的示例。

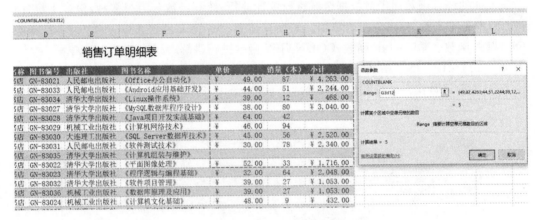

图 4-39　COUNTBLANK 函数使用示例

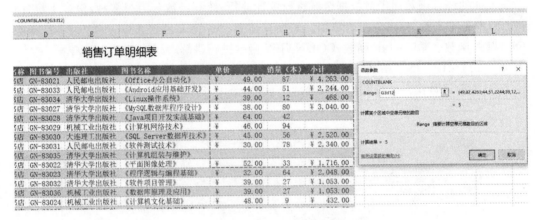

图 4-40　COUNTA 函数使用示例

从结果中可以看出,所选择的有效数据表格中,共计选择 30 个表格,其中空单元格 5 个,非空单元格 25 个。

4.2.6.3　COUNTIF 函数与 COUNTIFS 函数

COUNTIF 函数是一个单条件计数函数,功能是根据指定条件进行统计,统计得出符合条件的数据的个数。其一般语法格式为:

$$COUNTIF(求计数区域,求计数条件)$$

求计数的区域在满足了计数条件后,返回满足条件的单元格个数。

例如需要求出销量列前十行中超过 80 的数据个数,具体使用如图 4-41 所示。

图 4-41　COUNTIF 函数使用示例

从图中可以看出,条件的判断需要使用双引号作为标记。

提示小技巧:进行函数的使用时,若使用的条件是有逻辑运算符连接的,需要使用英文的双引号进行标记,在这里,如需要表示大于 80,那么输入条件为"＞80"。请注意,这里的双引号是英文的。在实际的使用中,如果是填写在对话框中,可以不写英文的双引号,点击"确定"按钮以后会默认添加双引号。

COUNTIFS 函数是解决多个条件的计数问题,但它也能解决单个条件的计数,而 COUNTIF 函数只能解决单个条件的计数。其语法格式为:

COUNTIFS(条件匹配查询区域 1,条件 1,条件匹配查询区域 2,条件 2,以此类推……)

函数返回满足所有条件的最后筛选结果的单元格个数。

与 SUMIFS 不同的是,COUNTIFS 函数只需要将对应的计数区域和条件填入即可,省去了求和区域。

例如求清华大学出版社 2019 年的订单数,对这个问题进行分析,可以看出含有两个条件,其一是清华大学出版社,其二是 2019 年的订单。根据分析,得出条件匹配查询区域 1 为出版社这一列也就是"E3:E636",条件 1 的内容为"清华大学出版社"。条件 2 的判断区域为日期列"B3:B636",条件 2 的内容为两部分,其一是"＞＝2019-1-1",其二是"＜＝2019-12-31",事实上,条件 2 可以看作是两个条件。使用 COUNTIFS 函数的具体计算如图 4-42 所示。

图 4-42　COUNTIFS 函数使用示例

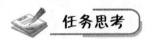

　　函数的嵌套使用，任务书中对是否为周末需要进行填充，那么如何完成是否为周末填充呢？

　　分析这个问题，是否为周末是对应的订单日期而言的，要判断是否为周末需要使用 IF 函数进行，而求星期值的函数是 WEEKDAY，完成这个问题可以先使用 WEEKDAY 求出每个订单日期对应的星期值，然后使用 IF 函数判断星期的值，查询 WEEKDAY 的使用规则可以看出，使用 WEEKDAY 返回值类型为 2 时，周一～周日的值对应为 1～7，也就是大于 5 的星期值即为周末的订单，如图 4-43 所示。

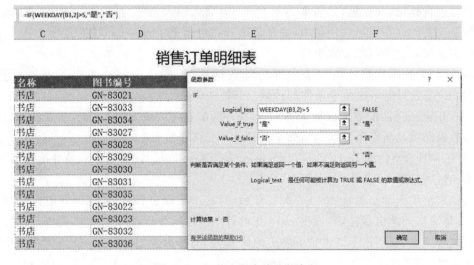

图 4-43　订单为周末的函数参数

　　根据分析，最终求出是否为周末的函数嵌套公式为：

　　"IF(WEEKDAY(B3,2)＞5,"是","否")"

总　结

任务 4.3　停车场停车收费统计

学习目标：

1. 学会使用数据导入方式将外部数据导入 Excel 表格中；

2. 学会使用日期函数对日期进行计算；

3. 学会使用时间函数对时间进行简单计算；

4. 学会使用数据透视表对数据表格的数据进行分析。

思政小课堂：

实践是检验真理的唯一标准，计划的实施要由实践数据来支撑，数据的支撑要以统计分析为依据，科学布局，合理检验，把握规律。

视频资源：

停车场收费统计分析

 任务描述

Excel 表格的数据可以来自外部，包括 Access、文本文档、数据文件等。Excel 表格的数据处理有时需要对日期、时间等进行处理，这就要用到日期或时间的函数。有时不仅需要对

Excel 单元格的数据进行处理，还要对已有数据生成数据透视表，以反映出数据的真实情况。

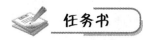 **任务书**

新源停车场对外停车服务内容包括大型车、中型车、小型车，现根据停车管理的一些问题，停车场为了能够让利给消费者，为他们提供更加优质的服务，把系统中"不足 30 分钟按照 30 分钟收费"调整为"不足 30 分钟不收费"，为了能够掌握这项政策调整前后的营业额变化，市场部将 2020 年 8 月 26 日至 2020 年 9 月 1 日的收费记录进行了抽取，详细数据保存在"停车收费记录"的文本文档中。请帮助停车场完成对收费数据的分析统计：

①打开"停车收费记录统计分析"工作簿，在停车收费记录工作表中，从"A1"单元格开始导入"停车收费记录"工作表中，停车收费记录数据存储在"停车收费记录.txt"文档中。

②删除"停车收费记录"表数据链接。在"停车收费记录"表中，在"车牌号码"前插入一列，列名为"序号"，并将序号列设置为整数，填入序号，序号列的序列从 1 开始。在"进场日期"列前插入一列，列名为"收费标准"。在出场时间列后依次增加"停放时间"、"收费金额"、"拟收费金额"、"差值"列。

③在"停车收费记录"工作表中，所有涉及金额列设置为"会计专用（人民币）"形式，金额设置为整数。依据"收费标准"表，利用公式将收费标准对应的金额填入"停车收费记录"表中的"收费标准"列；

④利用出场日期、出场时间与进场日期、时间的关系，计算"停放时间"列，单元格格式为时间型"HH 时 MM 秒"。

⑤依据停放时间和收费标准，计算当前收费金额并填入"收费金额"列；计算拟采用的收费政策预计收费金额并填入拟收费金额列中。计算拟调整后的收费与当前收费之间的差值并填入"差值"列。

⑥为"停车收费记录"表的内容套用表格格式以使得表格更加美观，添加汇总行：收费金额、拟收费金额、差值。

⑦为工作簿创建一个新表"数据透视分析"，在该表中创建三个数据透视表，起始位置为A3，A11，A19 单元格。第一个透视表的行标签为"车型"，列标签为"进场日期"，求和项为"收费金额"，可以提供当前每天的收费情况；第二个透视表的行标签为"车型"，列标签为"进场日期"，求和项为"拟收费金额"，可以提供收费政策后每天的收费情况；第三个透视表行标签为"车型"，列标签为"进场日期"，求和项为"差值"，可以提供收费政策调整后每天的收费变化情况。

 **获取信息**

引导问题 1：Excel 表格对数据的处理有其优越性，Excel 表中的数据来源可以是人工输入，也可以是数据源导入，你知道哪些数据源可以导入 Excel 表格中吗？

···

···

···

引导问题 2：若将 txt 文档中的数据导入 Excel 表格中，你认为应该对 txt 文档中的数据有怎样的要求？

_____

_____

引导问题 3：在已有的 Excel 表格中，若要在数据区域增加一列，可以选择插入一个列，插入的列在选择列的（　　　）

A. 左侧　　　　　　　　B. 右侧　　　　　　　　C. 表格数据最右侧　　D. 表格数据的最左侧

引导问题 4：如果两个时间的差值得到的结果是整数，那么结果的单位是（　　　）

A. 只能是小时　　　B. 只能是分钟　　　C. 只能是秒　　　　D. 可以是时、分、秒

引导问题 5：数据的近似取值分为向上取整、向下取整、四舍五入。向上取整是指无论小数是怎样的，一律进一；向下取整是指无论小数是怎样的，一律舍去；四舍五入则是小数五以上进一，五以下舍去。对以下的数据，请根据要求写出其近似结果。

向上取整：36.93　_____　　　　　58.23　_____

向下取整：36.93　_____　　　　　58.23　_____

四舍五入：36.93　_____　　　　　58.23　_____

引导问题 6：数据透视表能够帮助用户排列和汇总表中的数据，数据透视图以图形的形式汇总数据，并能直观地浏览复杂的数据。你能想到在什么时候会用到数据透视表吗？

_____

_____

_____

任务实施

任务完成后的效果如图 4-44、图 4-45 所示。

序号	车牌号码	车型	车颜色	收费标准	清场日期	进场时间	出场日期	出场时间	停放时间	收费金额	拟收费金额	差额
1	贵N95905	小型车	深蓝色	3.00	2020年5月26日	0:05:00	2020年5月26日	14:27:04	14:21	87.00	84.00	3.00
2	贵H86761	大型车	银灰色	5.00	2020年5月26日	0:15:00	2020年5月26日	5:29:02	5:14	55.00	50.00	5.00
3	贵QR7261	中型车	白色	4.00	2020年5月26日	0:28:00	2020年5月26日	1:02:00	0:34	8.00	4.00	4.00
4	贵U35931	中型车	黑色	5.00	2020年5月26日	0:37:00	2020年5月26日	4:46:01	4:09	45.00	40.00	5.00
5	贵Q3F127	大型车	白色	5.00	2020年5月26日	0:44:00	2020年5月26日	12:42:04	11:58	120.00	115.00	5.00
6	贵S8J403	中型车	白色	5.00	2020年5月26日	1:01:00	2020年5月26日	2:43:01	1:42	20.00	15.00	5.00
7	贵D17294	中型车	白色	4.00	2020年5月26日	1:19:00	2020年5月26日	6:35:02	5:16	44.00	40.00	4.00
8	贵103T05	中型车	深蓝色	4.00	2020年5月26日	1:23:00	2020年5月26日	11:02:03	9:39	80.00	76.00	4.00
9	贵W34039	大型车	黑色	5.00	2020年5月26日	1:25:00	2020年5月26日	9:58:03	8:33	90.00	85.00	5.00
10	贵L31P52	小型车	深蓝色	3.00	2020年5月26日	1:26:00	2020年5月26日	15:44:05	14:18	87.00	84.00	3.00
11	贵P91R59	大型车	深蓝色	5.00	2020年5月26日	1:31:00	2020年5月26日	10:05:03	8:34	90.00	85.00	5.00
12	贵HH2510	中型车	深蓝色	4.00	2020年5月26日	1:35:00	2020年5月26日	13:43:04	12:08	75.00	72.00	4.00
13	贵K47364	中型车	黑色	4.00	2020年5月26日	1:37:00	2020年5月26日	18:04:05	16:27	132.00	128.00	4.00
14	贵F7L876	中型车	白色	4.00	2020年5月26日	1:52:01	2020年5月26日	10:43:03	8:51	72.00	68.00	4.00
15	贵Q52Q07	小型车	深蓝色	3.00	2020年5月26日	1:52:01	2020年5月26日	4:04:01	2:12	15.00	12.00	3.00
16	贵B37606	中型车	黑色	4.00	2020年5月26日	2:00:01	2020年5月26日	15:02:04	13:02	108.00	104.00	4.00
17	贵R41B61	大型车	白色	5.00	2020年5月26日	2:04:01	2020年5月26日	15:43:05	13:39	140.00	135.00	5.00
18	贵E20P70	中型车	黑色	4.00	2020年5月26日	2:14:01	2020年5月26日	13:24:04	11:10	92.00	88.00	4.00
19	贵D6Q864	大型车	白色	5.00	2020年5月26日	2:21:01	2020年5月26日	18:28:05	16:07	165.00	160.00	5.00
20	贵J99788	中型车	白色	4.00	2020年5月26日	2:49:01	2020年5月26日	12:31:04	9:42	80.00	76.00	4.00
21	贵D1J892	大型车	银灰色	5.00	2020年5月26日	3:41:01	2020年5月26日	20:12:06	16:31	102.00	99.00	3.00
22	贵G53Q90	中型车	白色	4.00	2020年5月26日	3:51:01	2020年5月26日	17:53:05	14:02	116.00	112.00	4.00
23	贵G17178	中型车	深蓝色	4.00	2020年5月26日	4:20:01	2020年5月26日	17:48:05	13:28	120.00	116.00	4.00
24	贵C2G232	小型车	深蓝色	3.00	2020年5月26日	5:00:01	2020年5月26日	13:35:04	8:35	54.00	51.00	3.00
25	贵G2H013	大型车	银灰色	5.00	2020年5月26日	5:22:02	2020年5月26日	10:00:03	4:38	30.00	27.00	3.00
26	贵CH2906	大型车	白色	5.00	2020年5月26日	5:58:02	2020年5月26日	6:44:02	0:46	10.00	5.00	5.00
27	贵GU23	大型车	深蓝色	5.00	2020年5月26日	5:58:02	2020年5月26日	7:04:02	1:06	15.00	10.00	5.00
28	贵G18525	中型车	白色	4.00	2020年5月26日	6:00:02	2020年5月26日	11:24:03	5:24	44.00	40.00	4.00
29	贵I56R58	大型车	深蓝色	5.00	2020年5月26日	6:05:02	2020年5月26日	6:20:02	0:15	5.00	0.00	5.00
30	贵I83660	中型车	深蓝色	4.00	2020年5月26日	6:17:02	2020年5月26日	14:28:04	8:11	68.00	64.00	4.00

图 4-44　停车场收费统计效果 1

图 4-45　停车场收费统计效果 2

1. 数据源导入

引导问题 7:将 txt 文档数据导入 Excel 表格中,首先光标定位在表格第一个单元的位置,点击"_____"选项卡,在获取外部数据选项中,点击"_____",选择文本数据文件。

引导问题 8:文本导入向导第一步,首先要确定合适的文件类型,分别是分隔符号和_____,然后要确认导入的起始行和文件的编码格式,确认导入的数据是否包含标题。

引导问题 9:文本导入向导第二步,确认_____和数据预览,数据预览的好处是能够看到导入的数据编码选择格式是否正确,如果不正确或者出现乱码,则返回上一步。

引导问题 10:文本导入向导第三步,对导入数据的各列设置_____。最后点击完成即可完成数据的导入。

引导问题 11:删除数据源链接,点击"数据"选项卡,在获取外部数据的分类中,点击_____,然后点击"删除链接"即可。

2. 列的插入

引导问题 12:选中数据表格的一列,在选中的区域,单击右键,选择_____,即可在选择列的左侧插入一列。

3. 计算时间

引导问题 13:首先设置停放时间的数据格式为_____,然后使用"=DAYS(H2,F2)*60+I2−G2"求出停放时长,其中"DAYS(H2,F2)*60"表示日期间隔间的分钟数据。

4. 数据透视表

引导问题 14:在做数据透视表时,首先要做的就是选中数据区域,点击"_____"选项卡,然后选择数据透视表。

引导问题 15:根据透视表要求,拖动对应的字段标签至_____、_____、_____。

评价考核

项目名称	评价内容	评价分数		
		自我评价	互相评价	教师评价
职业素养考核项目	劳动纪律			
	课堂表现			
	合作交流			
专业能力考核项目	学习准备			
	引导问题填写			
	完成质量			
	是否按时完成			
	规范操作			
综合等级		教师签名		

注：评价等级分为 A(优秀)、B(良好)、C(合格)、D(努力)4 个。

任务相关知识点

4.3.1　Excel 表格数据的导入和导出

4.3.1.1　表格数据的导入

有时候办公中用到的数据不在 Excel 表格中，而是在网页中或者存在数据库中。使用 Excel 表格连接到外部数据可以对数据进行分析且不用重复对数据进行复制，很多时候由于数据的复制会造成一些不必要的错误。Excel 与外部数据建立连接，外部数据改变时，Excel 表格中的数据可以及时进行更新。

Excel 提供了导入外部数据的功能，外部数据导入的种类有多种，如文本数据、Access 中的数据、Web 以及其他数据库资源。Excel 在进行数据的导入以后，会存在一个数据的连接，这个连接是作为外部数据与 Excel 表格之间的连接，用户可以删除连接或者通过连接更新数据。导入外部数据的命令在"数据"选项卡下，如图 4-46 所示。

图 4-46　"获取外部数据"选项

　　下面以自文本导入数据进行说明。需要将文本中的数据导入 Excel 表格中时,首先需要确认文本中的数据是否按照分隔符进行了分割或者使用固定宽度。使用分隔符导入的数据需要使用分隔符对每个字段进行分割。Excel 表识别的分隔符有制表符、分号、逗号、空格及其他用户使用符号。使用固定宽度的文本数据需要在每列字段中加空格对齐。

　　文本导入以后,可选择"文本原始格式",对文本导入后的列进行数据类型检测。导入数据的设置如图 4-47 所示。

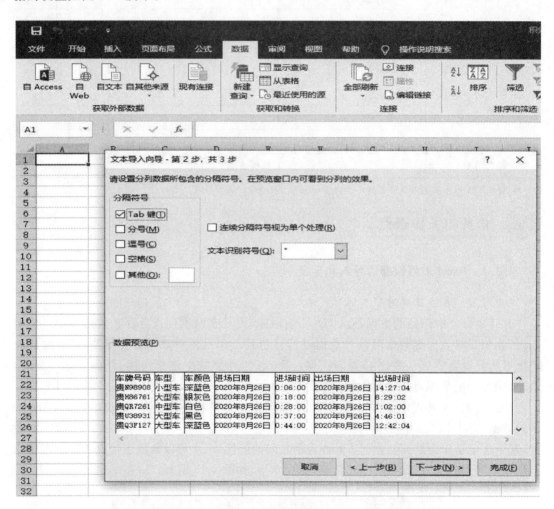

图 4-47　文本数据导入

4.3.1.2　数据的导出

　　Excel 表格中的数据可以按照对应的文件格式进行导出,导出后的文件内保持原有表格中的数据。导出的方式在文件选项下的"导出"命令,数据导出的设置如图 4-48 所示。

　　导出文件中的数据为文本格式,导出后的结果如图 4-49 所示。

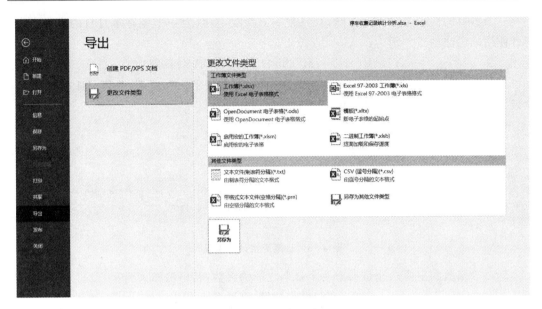

图 4-48 数据导出

图 4-49 输出导出结果

4.3.2 日期与时间函数

4.3.2.1 日期函数

日期函数主要用于对日期的设置与计算,常用的日期函数有 YEAR、MONTH、DAY、NOW、TODAY、DATE 等。

(1) YEAR、MONTH、DAY、DAYS 函数

在 Excel 表格中,对于日期的设置通常包含年、月、日,如"YYYY 年 MM 月 DD 日",若需要获取年份、月份、日期序号等,Excel 设计了三个函数来获取年份、月份、日期序号的数值,分别为 YEAR 函数、MONTH 函数、DAY 函数。

三个函数的使用方法大致相同，均只有一个参数，参数为一个带有年月日的完整日期。三者使用的语法格式分别为：

$$YEAR（日期）；MONTH（日期）；DAY（日期）$$

如 1999 年 12 月 11 日，使用三个函数获得的结果如图 4-50 所示，分别是 1999、12、11，从结果中不难看出三个函数的功能。

图 4-50　日期函数计算结果

DAYS 函数的主要功能是求出两个日期之间的天数，其语法格式为：

$$DAYS（结束日期，开始日期）$$

对参数日期没有严格的要求，若结束日期早于开始日期，则返回负数，若结束日期晚于开始日期，则返回正数。如图 4-51 所示，求 2020 年 11 月 1 日至 2020 年 12 月 30 日之间的天数，分别互换两个参数的位置，得到的结果分别为 −59 和 59。

图 4-51　DAYS 函数计算结果

（2）DATE、TODAY、NOW、DATEVALUE 函数

①DATE 函数返回代表日期的序列号，也就是以 1900 年 1 月 1 日记为数值 1，每增加一天，数值增加 1，DATE 函数返回的数值就是日期的序列值。DATE 函数的语法格式为：

$$DATE（年份值，月份值，日期值）$$

要求所有参数必须是数值类型或是纯数字的文本类型，如果是其他非数字类型，则函数会得到错误"＃VALUE！"。因 Office 系统界定的年份区间是 1900—9999，参数年份值必须在这个区间内。参数月份的区间为 1～12，一般用户使用时都需要将月份定位在这个区间中，若月份不在这个区间，Excel 有自动转换功能，会将日期转换成正确的区间范围。参数日期值的取值范围是 1～31，同样，若日期值输入错误，系统会自动转换到下一个日期。

输入一个正确的参数组 1999，12，11，那么得到的结果是 36505，如图 4-52 所示。

输入一个超出区间的参数组 1999、13、11，得到的结果是 36536，如图 4-53 所示。

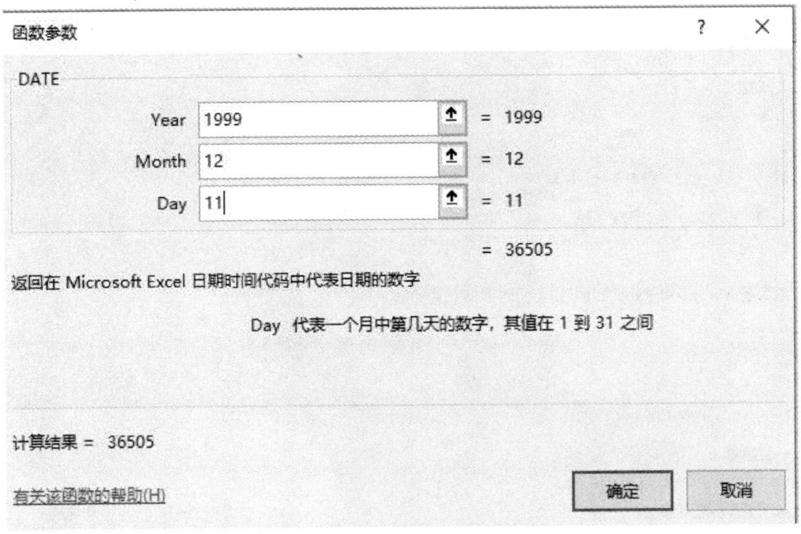

图 4-52　DATE 函数计算

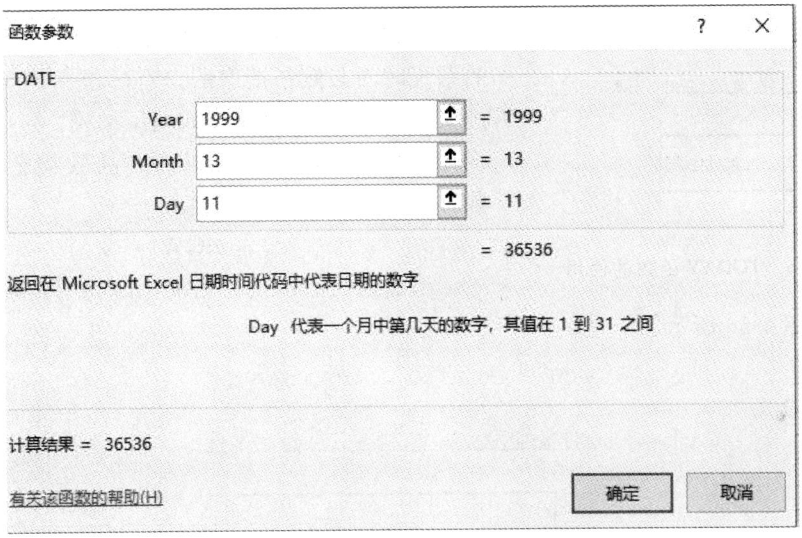

图 4-53　DATE 函数超出作用区间计算

输入一个超出区间的参数组以非法字符,如汉字或字母,那么在函数的参数中读取失败,返回结果为"♯VALUE!"。如图 4-54 所示。

提示小技巧:输入 DATE 函数中的参数可以是任意数值,可以不在系统要求的范围内,但必须是正整数,最终可以得出一个序列值。得出的结果是不易理解的,牵涉到数据类型边界问题,在此不作详细说明。

②TODAY 函数求出的是系统当前日期,函数没有参数,其语法格式为:

TODAY()

函数虽然没有参数,但是函数后面的"()"不可省略。

例如求系统当前日期,那么可以在单元格中输入"＝TODAY()",则可以得到系统的当前日期。如图 4-55 所示。

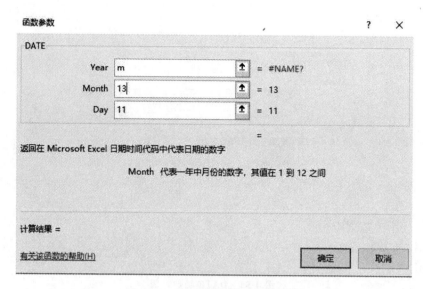

图 4-54　DATE 函数非法字符计算

图 4-55　TODAY 函数的使用

的时间，如图 4-56 所示。

注意，若计算机系统的时间是错误的，那么得出的系统时间必然是错误的。有时候由于计算机老化、经久不用等问题，会使得时间不准确。

③NOW 函数与 TODAY 函数类似，都没有参数，语法格式为

$$NOW()$$

函数返回的不仅有当前系统的日期，还包括当前

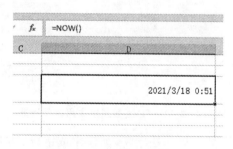

图 4-56　NOW 函数的使用

④DATEVALUE 函数的功能是将日期格式的文本类型转换为数值序列，其语法格式为：

$$DATEVALUE（日期格式的字符串）$$

日期格式的字符串需用双引号""作为标记。如图 4-57 所示，若输入 1999-1-1 的字符串，那么得到的结果是 36161。

4.3.2.2　时间函数

时间函数主要用于对时间的设置与计算，常用的时间函数有 HOUR、MINUTE、SECOND 函数等。时间的一般格式为"HH:MM:SS"。

若需要获取小时，那么使用 HOUR 函数，其语法结构为：

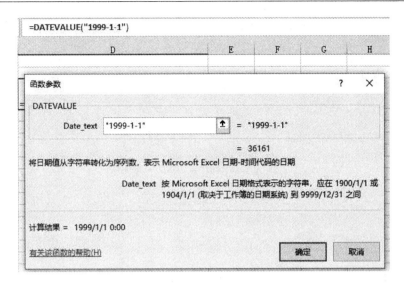

图 4-57　DATEVALUE 函数的使用

HOUR(时间)

返回的结果为时间的小时数值。

若需要获取分钟,那么可以使用 MINUTE 函数,其语法格式为:

MINUTE(时间)

返回的结果为分钟数值。

若要获取秒数,那么使用 SECOND 函数,其语法格式为:

SECOND(时间)

返回的结果为时间的秒数。

例如:求时间"12:32:54"的时、分、秒,那么得到的结果是:12、32、54。具体运算的结果如图 4-58 所示。

图 4-58　时间函数的使用格式

4.3.3　数值处理函数

数值处理函数在处理数值的问题时使用较多,对数据的小数位数的控制常常需要使用数值函数。常用的数值函数有 ROUND 函数、ROUNDUP 函数、ROUNDDOWN 函数。

(1)ROUND 函数

ROUND 函数的功能是指制定位数的数值进行四舍五入,其语法格式为:

ROUND(数值,小数位数)

参数数值是指需要四舍五入的数值型数据,如输入 123.456,小数位数是指需要保留的小数位数,如保留两位小数那么输入 2,那么得到的结果为 123.46。计算结果如图 4-59 所示。

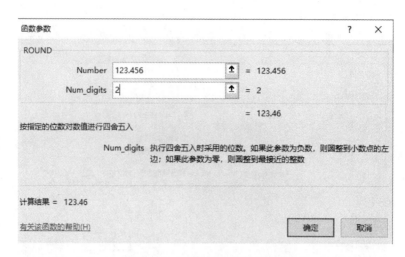

图 4-59　ROUND 函数的使用

（2）ROUNDUP 函数

ROUNDUP 函数的功能是指对数值数据进行向上取近似值，也就是常说的"进一法"求数据近似值，不同的是该函数可以限定数值的位数。其语法格式为：

ROUNDUP（数值，小数位数）

参数数值是指需要向上取近似值的数值型数据，小数位数是指保留的小数位数。如输入 123.456，保留 0 位小数，那么得到的数据为 124。计算结果如图 4-60 所示。

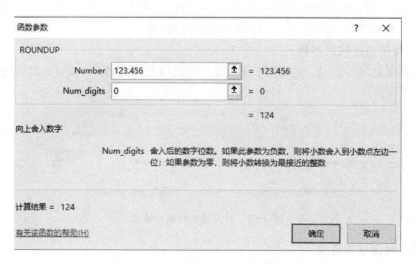

图 4-60　ROUNDUP 函数的使用

（3）ROUNDDOWN 函数

ROUNDDOWN 函数的功能是向下取近似值，也就是常说的"退一法"求数据近似值，不同的是，该函数可以限定取值的小数位数。其语法格式为：

ROUNDDOWN（数值，小数位数）

参数数值是指需要向下取近似值的数值型数据，小数位数是指需要保留的小数位数。如输入 123.456，保留小数 1 位，那么得到的结果是 123.4。计算结果如图 4-61 所示。

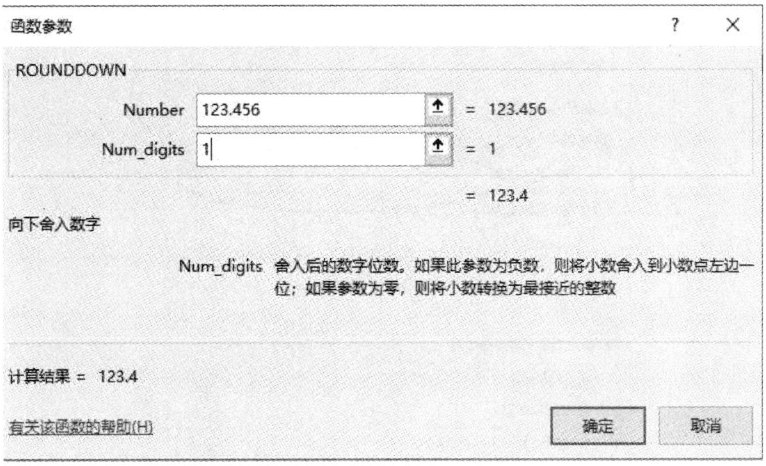

图 4-61　ROUNDDOWN 函数的使用

4.3.4　数据透视表

数据透视表在 Excel 2019 中占有很重要的地位,它可以对数值数据进行深入的分析。数据透视表是一种交互的、交叉制表的数据报表,可以对多种来源的数据进行分析,甚至包括来自外部的 Excel 数据。通过数据透视表对数据的分析,往往可以发现一些新的数据问题,有助于用户做出更加合理的预判。

数据透视表有很多重要功能,主要表现为:可以以多种用户友好方式查询大量数据;对数值数据进行分类汇总,依照分类以及子分类对数据进行汇总、创建自定义的计算公式等;可按照用户的需求查看数据的汇总的明细,按照汇总级别对数据进行展开和折叠;数据透视表的行与列可以转换移动,以此查看源数据的不同汇总内容;数据透视表可以对最有用和最关注的数据进行筛选、排序、分组和有条件的设置格式,以体现用户所需信息;可提供简明、有吸引力并带有批注的联机报表或打印报表。

例如对停车收费统计表创建数据透视表,需要首先创建一个新表,定位起始单元格,选择插入选项卡下的"数据透视图和数据透视表",如图 4-62 所示。

图 4-62　数据透视表选项

弹出如下选项，如图 4-63 所示。

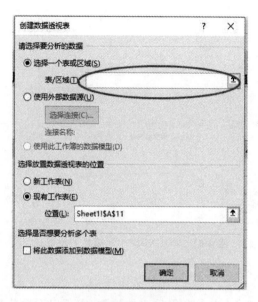

图 4-63　数据透视表创建选项

在表和区域选项内，选择所有表格数据（包含列字段），点击"确定"后，出现数据透视表字段内容，根据透视表汇总需求，选择行标签、列标签、求和项等，即可完成数据透视表。具体效果如图 4-64 所示。

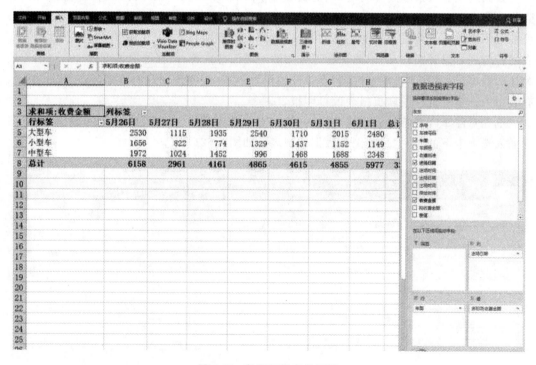

图 4-64　数据透视表的设置

　　向数据透视表中添加字段时,用户可根据自己需要选择字段进行添加,在对应的多选框点击打勾即可完成选择。

　　提示小技巧:数据透视表在默认情况下非数值字段会添加在行标签,数值字段会添加在求和项中,而日期和时间列则会添加在列标签中。有时候在选择完成对应的字段以后,需要调整标签位置,直接使用鼠标左键单击拖动即可完成。

总　结

单元5 电子演示文稿 PPT 2019

本单元共分两个任务(任务1活动汇报演示文稿模板制作、任务2"三下乡活动"演示文稿的动态展示),通过学习使读者能够达到以下目标:

1)知识目标

(1)了解 PowerPoint 2019 的新功能;

(2)认识 PowerPoint 2019 的操作界面;

(3)掌握占位符的基本概念;

(4)掌握在幻灯片中添加音乐等对象的方法。

2)能力目标

(1)能够使用幻灯片母版进行模板的设计;

(2)能够制作带动画的演示文稿。

3)素质目标

(1)注重素材使用的规范,避免侵权发生;

(2)提高审美能力。

任务 5.1 活动汇报演示文稿模板制作

学习目标:

1.了解 PowerPoint 2019 的新功能;

2.认识 PowerPoint 2019 的操作界面;

3.掌握占位符的基本概念;

4.能够使用幻灯片版式与主题来制作演示文稿;

5.能够使用幻灯片母版进行模板的设计。

思政小讲堂:

在演示文稿的制作过程中,注重素材使用的规范,避免侵权行为的发生。

视频资源:

任务 5.1-1

任务 5.1-2

任务描述

　　进入大学校园后,除了课堂知识的学习,还有丰富的校园生活、社团活动等,期待着同学们的参与,现需要为社团活动宣传制作统一的演示文稿模板,要求包含封面页、目录页、过渡页、正文页、封底等演示文稿模板设计。本任务将要学习如何使用 PowerPoint 2019 进行幻灯片模板的制作。

 任务书

　　活动汇报演示文稿模板制作具体要求如下:

　　(1)风格要求

　　按照校园网的风格样式,确定演示文稿模板的色调,并设计风格与之相一致的演示文稿模板。

　　(2)幻灯片大小要求

　　幻灯片大小设置为宽屏(16∶9)。

　　(3)内容要求

　　演示文稿模板内要求包含封面页、目录页、过渡页、正文页、图文页、封底页等内容页面。

　　①封面页

　　包含学校 LOGO,以及活动宣传图片位、标题框、副标题框、装饰元素等内容。

　　主标题框文字设置要求:微软雅黑、54 磅、加粗、深蓝色。

　　副标题框文字设置要求:微软雅黑、24 磅、浅灰色(背景 2,深色 50%)。

　　②目录页

　　包含活动简介目录,以及活动相关图片展示位、装饰元素等相关内容。

　　"目录"字样文字设置要求:微软雅黑、36 磅、浅灰色(背景 2,深色 50%)。

　　标题文字设置要求:微软雅黑、28 磅、深蓝色。

　　③过渡页

　　包含编号、标题文字、装饰元素等内容。

　　编号文字设置要求:微软雅黑、44 磅、白色。

　　标题文字设置要求:微软雅黑,48 磅、浅灰色(背景 2,深色 50%)、文字阴影效果(偏移右下)。

　　④正文页

　　包含学校 LOGO、标题框、正文文本框、装饰元素等内容。

　　标题框文字设置要求:微软雅黑、44 磅、深蓝色。

　　正文文本框文字设置要求:一级标题为微软雅黑、28 磅、浅灰色(背景 2,深色 50%)并使用带填充效果的大圆形项目符号;二级标题为微软雅黑、24 磅、浅灰色(背景 2,深色 50%)并使用带填充效果的小圆形项目符号。

　　⑤图文页

　　整体沿用正文页的格式样式,并增加图片占位符,定义图片占位符样式为"圆角矩形"、边框粗细为 6 磅、阴影样式为"偏移:左下"。

⑥封底页

沿用封面页风格,添加"演示结束 感谢聆听"字样。

活动演示文稿模板效果如图 5-1 所示。

图 5-1　活动汇报演示文稿模板效果

 获取信息

引导问题 1:认识 PowerPoint 2019 的界面组成,如图 5-2 所示。

图 5-2　**PowerPoint 2019 界面**

引导问题 2：完成下列有关 PowerPoint 的填空题。

（1）PowerPoint 的主要功能是_____。

（2）PowerPoint 2019 制作的演示文稿文件默认扩展名是_____。

（3）在幻灯片正在放映时，按键盘上的 Esc 键，可以_____。

（4）同一个演示文稿中的幻灯片，只能使用_____个模板。

（5）在 PowerPoint 2019 中提供了六种视图方式，分别是_____、_____、

_____、_____、_____、_____。

引导问题 3：什么是演示文稿模板？

_____

_____

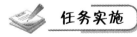 **任务实施**

1.创建演示文稿

引导问题 4：简述演示文稿的创建与保存方法。

_____

_____

2.设置幻灯片大小

引导问题5:如何设置幻灯片大小? 当下最流行的幻灯片比例是怎样的?

3.幻灯片主题的使用

引导问题6:如何使用 PowerPoint 2019 自带的主题库?

引导问题7:如何使用"变体"对主题效果进行调整?

4.制作个性化模板

引导问题8:如何切换到幻灯片母版视图?

引导问题9:如何根据任务要求进行母版版式页的插入/删除?

引导问题10:幻灯片母版中占位符的作用有哪些?

引导问题11:幻灯片母版中占位符的使用方法是什么?

引导问题12:简述幻灯片母版中文本占位符与文本框的区别。

引导问题13:如何在 PowerPoint 中添加形状?

评价考核

项目名称	评价内容	评价分数		
		自我评价	互相评价	教师评价
职业素养考核项目	劳动纪律			
	课堂表现			
	合作交流			
专业能力考核项目	学习准备			
	引导问题填写			
	完成质量			
	是否按时完成			
	规范操作			
综合等级		教师签名		

注:评价等级分为 A(优秀)、B(良好)、C(合格)、D(努力)4 个。

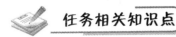 任务相关知识点

5.1.1　PowerPoint 2019 简介

5.1.1.1　PowerPoint 2019 软件介绍

PowerPoint 2019 是 Office 软件中制作演示文稿的组件,是商务办公领域中最常用的演示工具之一。它可以制作出集文字、图形、图像与声音等多媒体于一体的演示文稿,可以将用户所表达的信息以图文并茂的形式展现出来,从而达到最佳的演示效果,广泛应用于企业宣传、工作报告、项目提案、教学培训课件、活动汇报等多个领域。

5.1.1.2　PowerPoint 2019 的新增功能

(1)视觉效果优化

• 平滑切换:PowerPoint 2019 的幻灯片切换中附带平滑切换功能,有助于在幻灯片上制作流畅的切换动画。

• PowerPoint 缩放定位:缩放定位功能可以使演示文稿更具动态性并允许在其中进行自定义导航。在 PowerPoint 中创建缩放定位时,可于演示时按之前确定的顺序在演示文稿的特定幻灯片、节和部分之间来回跳转,并且从一张幻灯片跳转到另一张幻灯片的移动中采用缩放效果。

• 文本荧光笔:PowerPoint 2019 推出了与 Word 中的文本荧光笔相似的功能,可以通过选取不同的高亮颜色,对演示文稿中某些文本部分加以强调。

(2)图片和其他媒体的优化

• 可增加视觉效果的矢量图形:在演示文稿中可以插入和编辑 SVG 图像。SVG 图像可以重新着色,且缩放或调整大小时,丝毫不会影响 SVG 图像的质量。Office 2019 支持已应用筛选器的 SVG 文件。

• 将 SVG 图标转换为形状:支持将 SVG 图像或图标转换为 Office 形状,这意味着可对 SVG 文件进行反汇编并编辑其各个部分。

• 插入 3D 模型,观察各个角度:使用 3D 模型可以在演示文稿中营造视觉创意效果。轻松插入 3D 模型,然后 360 度旋转。利用平滑切换功能,可以让模型在演示文稿中栩栩如生,该功能可在幻灯片之间产生影视动画效果。

• 简化背景消除:PowerPoint 2019 简化了图片背景的删除和编辑操作。PowerPoint 会自动检测常规背景区域,无须再在图片的前景周围绘制一个矩形。用于标记保留或删除区域的铅笔现可绘制任意形状的线条,而不再仅限于绘制直线。

• 导出为 4K:将演示文稿导出为视频时,现在可以选择 4K 分辨率。

• 录制功能:可以录制视频或音频旁白,也可以录制数字墨迹手势。

(3)数字墨迹绘图或书写功能

• 可自定义、可移植的笔组:用户可以选择一组个人用于墨迹书写的笔、荧光笔和铅笔,并使它们可用于各个 Office 应用中。

• 墨迹效果:除了多种颜色外,还可以使用墨迹效果(金属笔以及如彩虹、星系、岩浆、海洋、金色和银色等墨迹效果),为用户提供了更多创作空间。

• 用于墨迹绘图的线段橡皮擦：线段橡皮擦可在整理墨迹绘图时实现精确控制。它会将墨迹擦除到与另一线段相交的位置。

• 用于绘制直线的直尺：在带触摸屏的设备上，可使用功能区的"绘图"选项卡上的"标尺"绘制直线或将一组对象对齐；水平地、垂直地或在任意中间位置放置标尺；它还具有角度设置，必要时可设置为一个精确的角度。

（4）其他新增功能

• 漏斗图和 2D 地图图表：使用漏斗图显示逐渐减小的比例。用户只需几步即可将地理数据转换为地图图表，大大节约了制作时间。

• 使用数字笔运行幻灯片放映：提供了使用 Surface 触控笔或其他任何带蓝牙按钮的触控笔来控制幻灯片放映的功能。

5.1.1.3　PowerPoint 的文件类型

PowerPoint 2003 之前版本文件保存时的默认文件类型为.ppt，而从 PowerPoint 2007 开始 PowerPoint 保存的默认文件类型更改为.pptx，因此在保存演示文稿时还应注意文件的播放环境，选择适当的文件存储类型，以免影响演示文稿的正常播放。

5.1.2　创建一个新演示文稿

5.1.2.1　启动和关闭 PowerPoint 2019

（1）启动 PowerPoint 2019

启动 PowerPoint 2019 的方式有多种，用户可根据需要进行选择。常用的启动方式有如下几种。

方法一：通过"开始"菜单启动：单击"开始"按钮或者按键盘的开始按键，在弹出的菜单中如果有 PowerPoint 选项，可以点击它启动，否则，可滚动鼠标滚轮在下方的更多程序里面找到 PowerPoint 2019，点开可启动，如图 5-3 所示。

方法二：通过桌面快捷图标启动：若在桌面上创建了 PowerPoint 2019 快捷图标，双击图 5-4 的图标即可快速启动。

（2）关闭 PowerPoint 2019

对演示文稿编辑设计完成后，若不再需要对演示文稿进行其他的操作，可将软件关闭。关闭 PowerPoint 2019 的常用方法有以下几种：

图 5-3　启动 PowerPoint 2019　　　　**图 5-4　PowerPoint 2019 快捷图标**

方法一：通过快捷菜单关闭：在 PowerPoint 2019 工作界面标题栏上单击鼠标右键，在弹出的快捷菜单中选择"关闭"命令（快捷键 Alt＋F4）。

方法二:单击按钮关闭:单击 PowerPoint 2019 工作界面标题栏右上角的 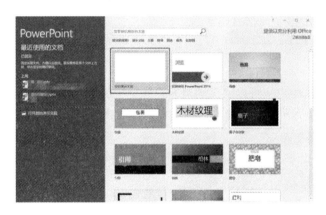 按钮，关闭演示文稿并退出 PowerPoint 程序。

方法三:通过命令关闭:在打开的演示文稿中选择"文件"→"关闭"命令，关闭当前演示文稿。

方法四:在任务栏的 PowerPoint 2019 图标上单击鼠标右键，在弹出的快捷菜单中选择"关闭窗口"命令。

5.1.2.2　创建一个新演示文稿

(1)创建空白演示文稿

一般来说，制作演示文稿需要创建空白演示文稿，其操作方法有以下几种。

方法一:通过命令创建。启动 PowerPoint 2019 软件后，可在启动界面上选择单击"空白演示文稿"图标，创建空白演示文稿，如图 5-5 所示。

图 5-5　PowerPoint 2019 启动界面

方法二:通过快捷菜单创建。在桌面空白处单击鼠标右键，在弹出的快捷菜单中选择"新建"→"Microsoft PowerPoint 演示文稿"命令，在桌面上将新建一个空白演示文稿，如图 5-6 所示。

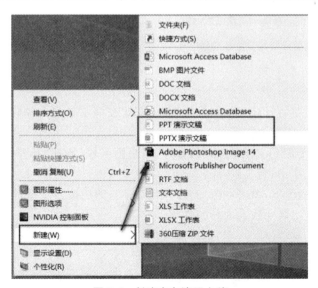

图 5-6　创建空白演示文稿

(2)利用模板创建演示文稿

为了简化用户制作演示文稿的制作程序,PowerPoint 2019 提供了大量演示文稿模板供用户选择,在启动 PowerPoint 2019 软件后,可在启动界面上选择所需演示文稿模板样式集,如图 5-7 所示。

图 5-7 模板的选择

选中模板样式后,用户还可以通过预览窗口预览模板的幻灯片样式,以及挑选该模板提供的配色主题,如图 5-8 所示。选择好合适的模板后点击"创建",即可完成带模板的演示文稿创建,效果如图 5-9 所示。

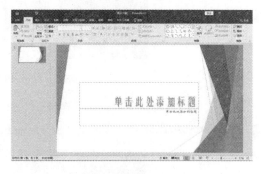

图 5-8 演示文稿模板预览及主题选择　　　　**图 5-9 创建系统自带模板**

5.1.2.3 幻灯片相关操作

(1)添加幻灯片

默认演示文稿创建后只有一个幻灯片页面,因此在演示文稿的制作过程中就少不了要添加新幻灯片,具体操作方法如下。

方法一:在普通视图下,右击左侧"幻灯片"缩略图区域,选择"新建幻灯片"便添加了一张默认版式的新幻灯片,如图 5-10 所示。

方法二:在普通视图下,单击左侧"幻灯片"缩略图,然后按回车键,按一次就在所选幻灯片下面添加一张所选幻灯片版式的新幻灯片。

方法三:单击"开始"选项卡,在"幻灯片"组中单击"新建幻灯片"上方的图标按钮,单击一次添加一张默认版式的新幻灯片,如图 5-11 所示。

方法四:单击"开始"选项卡,在"幻灯片"组中单击"新建幻灯片",在展开的面板中选择需要的幻灯片版式即添加一张该版式的幻灯片,如图 5-12 所示。

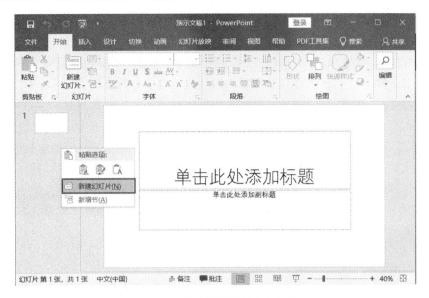

图 5-10 缩略图区域新建幻灯片

图 5-11 "新建幻灯片"图标按钮

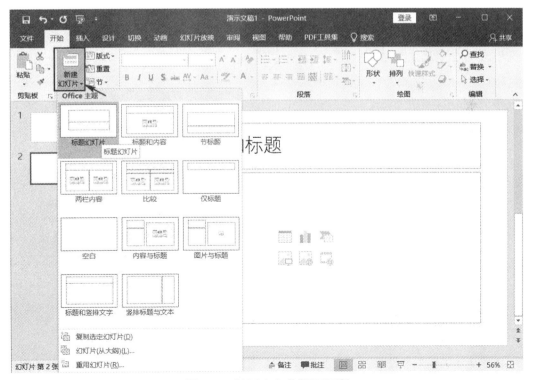

图 5-12 "新建幻灯片"展开面板

(2)移动和复制幻灯片

制作的演示文稿可根据需要对各幻灯片的顺序进行调整。在制作演示文稿的过程中，若制作的幻灯片与某张幻灯片非常相似，可复制该幻灯片后再对其进行编辑，这样既节省时间又能提高工作效率。下面就对移动和复制幻灯片的方法进行介绍。

•移动幻灯片：选择需移动的幻灯片，按住鼠标左键不放拖动到目标位置后释放鼠标完成移动操作。

•复制幻灯片：选择需复制的幻灯片，在其上单击鼠标右键，在弹出的快捷菜单中选择"复制幻灯片"命令如图 5-13 所示，后被复制的幻灯片就会自动粘贴在被复制幻灯片之后了。

(3)重用幻灯片

在 PowerPoint 中可以从其他演示文稿向当前的演示文稿中添加一张或多张幻灯片，而不必打开其他文件。

单击"开始"选项卡"新建幻灯片"选项的下三角按钮，在展开的下拉列表中单击"重用幻灯片"选项，如图 5-14 所示。

图 5-13　复制幻灯片

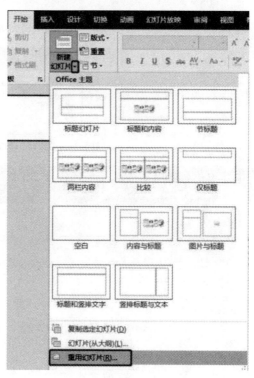

图 5-14　"重用幻灯片"选项

在弹出的"重用幻灯片"选项卡中，点击"打开 PowerPoint 文件"超链接，在弹出的"浏览"对话框中选择所需使用的演示文稿位置，如图 5-15 所示。

所选择的演示文稿幻灯片内容就会在选项卡中展示，按照需要就可以选择对应幻灯片进行重用了，如图 5-16 所示。

(4)更改幻灯片版式

创建演示文稿后软件会自动在文档中创建一张标题幻灯片，而在制作演示文稿时如果有其他需求，可以更改该幻灯片版式，以输入需要的内容。

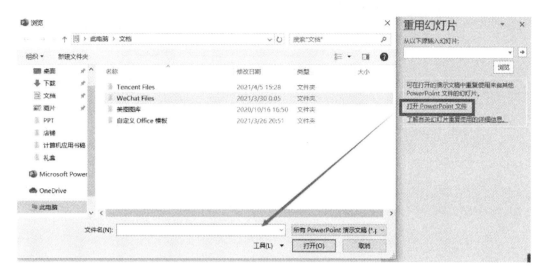

图5-15 "浏览"对话框的打开

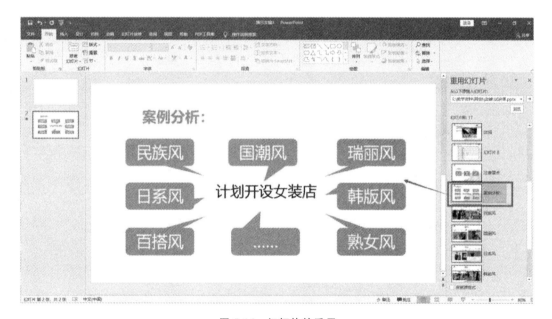

图5-16 幻灯片的重用

方法一:单击"开始"选项卡"幻灯片"中的"版式"图标按钮,然后单击"标题和内容",如图5-17所示。

方法二:在普通视图下,右击左侧需要修改版式的"幻灯片"缩略图区域,在弹出的菜单中选择版式中的所需的幻灯片样式即可,如图5-18所示。

(5)占位符的使用

创建新幻灯片时,在幻灯片上显示的虚线方框即占位符,如图5-19。占位符表示在此有待确定的对象,如幻灯片标题、文本、表格、剪贴画等。占位符是幻灯片设计模板的主要组成元素,在占位符中添加文本和其他对象可以方便地建立美观的演示文稿。单击文字占位符,输入需要的文字,可以添加文字内容。

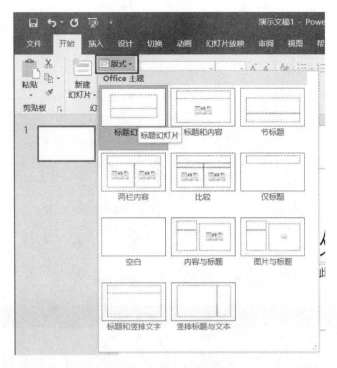

图 5-17　"版式"图标按钮

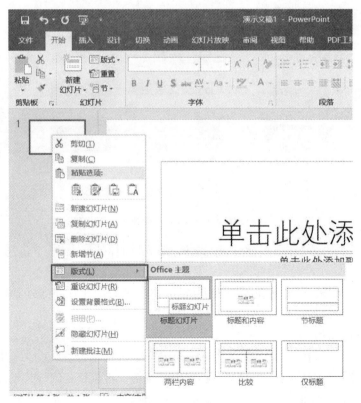

图 5-18　版式菜单

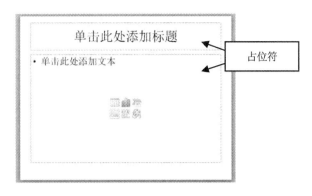

图 5-19　占位符　　　　　　　　　图 5-20　设置占位符格式

右键单击占位符虚线框,在弹出的菜单中选择"设置形状格式",在弹出的对话框中可以设置占位符格式,如图 5-20 所示。

(6)删除幻灯片

在制作演示幻灯片的过程中,对于不需要的幻灯片可以进行删除操作。只需要在视图中选择需删除的幻灯片后,按 Delete 键或单击鼠标右键,在弹出的快捷菜单中选择"删除幻灯片"命令,即可删除多余的幻灯片。

5.1.2.4　保存演示文稿

对制作好的演示文稿需要及时保存在电脑中,以免发生遗失或误操作。保存演示文稿的方法有很多,下面将分别进行介绍。

方法一:直接"保存"演示文稿。直接保存演示文稿是最常用的保存方法。选择"文件"→"保存"命令或单击快速访问工具栏中的"保存"按钮,指定保存位置即可。

方法二:"另存为"演示文稿。若不想改变原有演示文稿中的内容,可通过"另存为"命令将演示文稿保存在其他位置。选择"文件"→"另存为"命令进行保存。

方法三:将演示文稿保存为模板。为了提高工作效率,可根据需要将制作好的演示文稿保存为模板,以备以后制作同类演示文稿时使用。其方法是:选择"文件"→"保存"命令,打开"另存为"对话框,在"保存类型"下拉列表框中选择"PowerPoint 模板"选项,单击"保存"按钮,如图 5-21 所示。

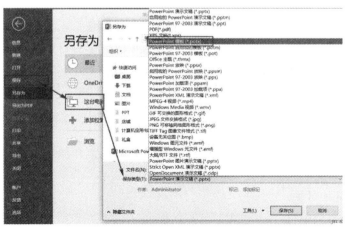

图 5-21　保存 PowerPoint 模板

　　方法四：设置自动保存演示文稿。在制作演示文稿的过程中，为了减少不必要的损失，可为正在编辑的演示文稿设置定时保存。其方法是：选择"文件"→"选项"命令，打开"PowerPoint 选项"对话框，选择"保存"选项卡，在"保存演示文稿"栏中进行需要的设置，如图5-22 所示，并单击"确定"按钮保存设置，软件就可以按设置进行自动保存了。

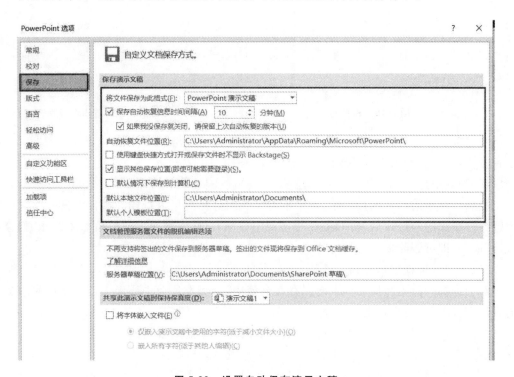

图 5-22　设置自动保存演示文稿

5.1.3　幻灯片母版的使用

5.1.3.1　幻灯片母版简介

　　母版是模版的一部分，主要用来定义演示文稿中所有幻灯片的格式，其内容主要包括文本与对象在幻灯片中的位置、文本与对象占位符的大小、文本样式、效果、主题颜色、背景等信息。PowerPoint 2019 中的母版分为三类：幻灯片母版、讲义母版和备注母版。

　　更改幻灯片母版，会影响所有基于母版的演示文稿制作的幻灯片。如果要使个别幻灯片的外观与母版不同，可以直接修改幻灯片。但是对已经改动过的幻灯片，在母版中的改动对之就不再起作用。因此，对演示文稿，应该先改动母版来满足大多数的要求，再修改个别幻灯片。

5.1.3.2　幻灯片母版的使用

　　PowerPoint 中默认内置一个 Office 主题幻灯片母版，制作演示文稿时一般默认应用该母版。用户可以根据个人需求对母版进行编辑。具体操作如下：

　　（1）编辑幻灯片母版

　　对幻灯片母版的编辑，需要单击"视图"选项卡，在"母版视图"组中单击"幻灯片母版"按钮，如图 5-23 所示，进入幻灯片母版编辑界面。

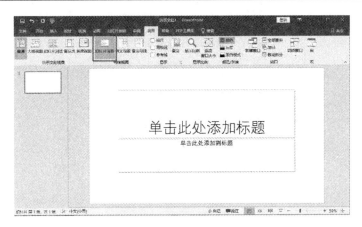

图 5-23　"幻灯片母版"按钮

（2）插入幻灯片母版

如果需要插入新的幻灯片母版则需要在"编辑母版"组单击"插入幻灯片母版"按钮，如图 5-24 所示。在左侧母版缩略图窗格原母版及版式下方就会出现新插入的自定义母版缩略图及其控制的母版版式，如图 5-25 所示。

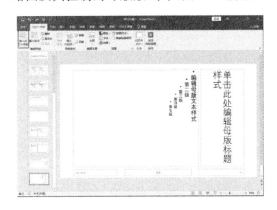

图 5-24　插入幻灯片母版

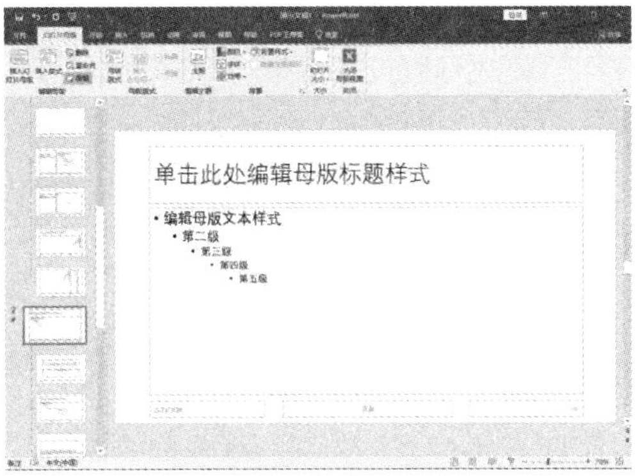

图 5-25　自定义母版

（3）编辑母版格式

单击插入的新母版缩略图，该母版进入幻灯片窗格，在幻灯片窗格选中标题占位符，单击"开始"选项卡，在"字体"组中设置字体、字号、文字颜色等，也可以编辑占位符中不同大纲级别的字体、项目符号编号等格式（也可右击用快捷菜单设置），如图 5-26 所示。

（4）占位符的添加、删除

根据母版设计的需要可以对母版幻灯片页面上的占位符进行添加和删除，选中不需要的占位符按键盘上的"Delete"按键就可以

图 5-26　编辑母版样式

将占位符删除，而添加占位符则需要单击"幻灯片母版"选项卡，在"母版版式"组中点击"插入占位符"按钮，如图 5-27 所示。

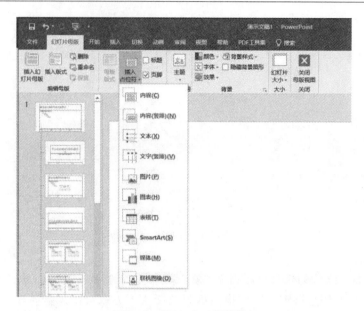

图 5-27　"插入占位符"按钮

（5）关闭母版编辑

当完成母版设置后单击"幻灯片母版"选项卡，在"关闭"组中单击"关闭母版视图"，如图 5-28 所示，可以返回到普通视图。

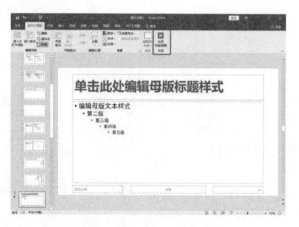

图 5-28　"关闭母版视图"按钮

5.1.4　设置背景格式

PowerPoint 2019 中的幻灯片背景填充方式较多，包括纯色填充、渐变填充、图片或纹理填充、图案填充等等。

5.1.4.1　设置背景的方法

方法一：单击"设计"选项卡中的"背景格式"按钮，如图 5-29 所示，则可以进入设置背景格式面板，进行背景格式的设置。

方法二：在幻灯片编辑区的空白处右键单击，在弹出的快捷菜单中选择"设置背景格式"选项，如图 5-30 所示，也可以进入"设置背景格式"面板进行设置。

图 5-29 设置"背景格式"　　　　　　图 5-30 右键快捷菜单

5.1.4.2 纯色填充

如需将某一特定颜色作为幻灯片背景色,可以在"设置背景格式"面板中,单击"纯色填充"选项,并设置填充颜色和透明度。若该背景色需要应用到所有幻灯片中,则单击面板下方的"应用到全部"按钮,若对已选颜色不满意,还可单击"重置背景"按钮还原默认值。

5.1.4.3 渐变填充

如需要渐变的背景效果,PowerPoint 2019 为用户提供了比以往更为灵活和直观的渐变填充设置方式,用户可根据个人需求选择预设颜色样式或设计个性化渐变背景样式(包括预设渐变、类型、方向、角度、渐变光圈等设置)。

5.1.4.4 图片或纹理填充

用户也可以使用系统提供的纹理图案来制作背景,如默认纹理图案不能满足需求时,用户还可以通过"文件"按钮打开个人准备好的背景图片来制作幻灯片背景,文件中导入的图片也可以按照文字的样式进行偏移量、刻度、对齐方式等设置。

5.1.4.5 图案填充

纹理背景和图案背景都是用一种小块图案平铺来填充背景的,但是,纹理是用系统提供的图片填充,而图案是系统提供好的几种样式,用户可以根据需要改变图案的前景色和背景色。

5.1.5 添加对象

PowerPoint 2019 为了满足用户的制作需求,除保留了以往传统的图片、文本框等对象的插入外,还新增了"图标"和"3D 模型"对象的插入,更加丰富了演示文稿的展示效果,如图 5-31 所示。

图 5-31 "图标"和"3D 模型"按钮

（1）插入"图标"

PowerPoint 2019 中提供了多种类别的图标以方便用户使用。使用时只需要点击"插入"选项卡中的"图标"按钮，即可弹出"插入图标"对话框，根据需要选择所需类型的图标，选择下方的"插入"按钮，如图 5-32 所示，图标就可以插入到对应幻灯片中了。

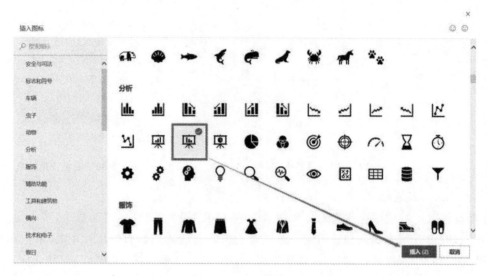

图 5-32　插入"图标"

默认插入的图标为黑色如图 5-33，用户可以根据需要使用"格式"选项卡中的"图形样式"对插入的图片进行图形填充、图形轮廓等颜色更改，如图 5-34 所示。

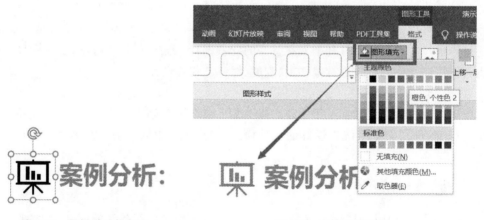

图 5-33　图标默认颜色图　　　　　　图 5-34　更改图标颜色

（2）插入"3D 模型"

PowerPoint 2019 除了支持图标的插入，还新增了 3D 模型的插入功能，点击"插入"选项卡中的"3D 模型"按钮，即可弹出"插入 3D 模型"对话框，选择 3D 模型所在位置后点击"插入"按钮，如图 5-35 所示，即可将模型插入到幻灯片中。

3D 模型插入后，可以通过"格式"菜单栏来对模型进行展示方向的调整，也可以通过导入的 3D 模型上的 图标来进行角度调整，如图 5-36 所示。

图 5-35　插入"3D 模型"

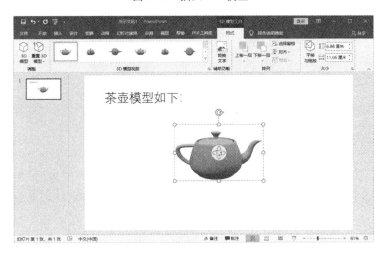

图 5-36　"3D 模型"角度调整

总　结

任务5.2 "三下乡活动"演示文稿的动态展示

学习目标：

1.学会幻灯片中插入超链接的方法；

2.能够为幻灯片中添加动画；

3.能够为幻灯片切换添加切换动画；

4.熟悉幻灯片中添加背景音乐的方法；

5.熟悉排练计时以及录制幻灯片演示的方法。

思政小讲堂：

作为当代大学生，在完成学业的同时也应该关注时事，为乡村振兴贡献一分力量。

视频资源：

任务 5.2-1　　　　　　　　　　　　任务 5.2-2

 任务描述

　　学院组织开展暑期"三下乡"社会实践队走进务川县活动，活动结束后，学院要求对本次活动的具体开展情况进行汇报，需要制作活动汇报演示文稿，并实现动态展示。

 **任务书**

　　"三下乡活动"演示文稿制作要求如下：

　　（1）对象素材的添加要求

　　•素材准备。制作演示文稿前，根据要展示的内容整理好活动的介绍文字、图片、视频以及背景音乐素材；

　　•图文素材添加。将准备好的图片、文字素材，根据活动的开展情况添加到活动演示文稿模板中，并根据内容的多少对模板进行添加和删除；

　　•背景音乐添加。为了汇报前首页展示需要，在演示文稿首页添加背景音乐，并设置循环播放，并在切换幻灯片后停止播放；

　　•视频素材添加。在"务川简介"与"现场宣讲活动"页插入活动视频，以更直观地展示务川风貌以及活动现场情况。

　　（2）超链接的添加

　　在"活动总结"页面下方添加本次活动的校园网新闻页面超链接。

　　（3）动态设置要求

　　•动画设置。根据演示内容出现的先后次序，为演示文稿中各幻灯片页面中的标题文本、图片等添加入场动画；
　　•幻灯片切换。为每张幻灯片添加符合讲解展示需求的幻灯片切换动画。
　　(4)录制演示文稿
　　录制该宣传演示文稿的幻灯片演示。
　　"三下乡活动"演示文稿制作效果如图 5-37 所示。

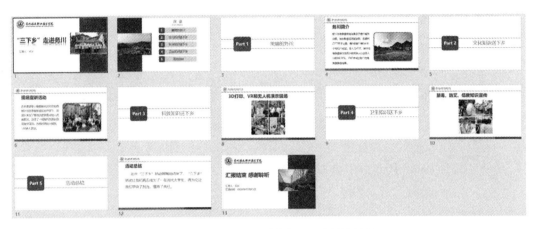

图 5-37　"三下乡活动"演示文稿制作效果

获取信息

　　引导问题 1：PowerPoint 2019 中可以插入哪些对象？

　　引导问题 2：演示文稿的动画设置一般需要注意哪些原则？

　　引导问题 3：演示文稿放映过程中，用鼠标一页一页地点击跳转幻灯片实在有些麻烦，有没有什么方法可以自动播放幻灯片？

　　引导问题 4：为了将活动汇报的内容更好地传达到各个班级，能否使用 PowerPoint 中的功能将汇报内容视频化呢？

　　引导问题 5：完成以下选择题。
　　(1)在 PowerPoint 2019 中，设置幻灯片切换效果，应选择(　　)选项卡中的相关命令。
　　A. 视图　　　　　　　　B. 设计　　　　　　　　C. 插入　　　　　　　　D. 幻灯片放映
　　(2)在 PowerPoint 2019 中，从头播放幻灯片文稿时，需要跳过第 3～4 张幻灯片接续播放，应设置(　　)。
　　A. 隐藏幻灯片　　　　　　　　　　　　B. 设置幻灯片版式

C. 删除 3～4 张幻灯片　　　　　　　　　D. 设置幻灯片切换方式

引导问题 6：使 PowerPoint 2019 从当前选定的幻灯片开始播放的快捷键是_____，停止幻灯片播放的快捷键是_____。

任务实施

1. 对象素材的添加

引导问题 7：图片素材的添加方式有哪些？

引导问题 8：简述插入背景音乐的方法。

引导问题 9：如何在幻灯片中添加视频？

2. 超链接的添加

引导问题 10：简述超链接的添加方法。

3. 动态设置

引导问题 11：幻灯片中的图片、文字如何添加动画？

引导问题 12：如何快速为多张图片添加统一的动画效果？

引导问题 13：动画的时间如何调整？

引导问题 14：若要使幻灯片中的标题、图片、文字等按用户的要求顺序出现，应进行的设置是_____。

A. 设置放映方式　　　B. 幻灯片切换　　　　C. 幻灯片链接　　　　D. 自定义动画

引导问题 15：在 PowerPoint 2019 中，若使幻灯片播放时，使用"平滑"效果变换到下一张幻灯片，需要设置_____。

A. 自定义动画　　　　B. 放映方式　　　　　C. 幻灯片切换　　　　D. 自定义放映

4. 录制演示文稿

引导问题 16：如何录制幻灯片演示？

 评价考核

项目名称	评价内容	评价分数		
		自我评价	互相评价	教师评价
职业素养考核项目	劳动纪律			
	课堂表现			
	合作交流			
专业能力考核项目	学习准备			
	引导问题填写			
	完成质量			
	是否按时完成			
	规范操作			
综合等级		教师签名		

注：评价等级分为 A(优秀)、B(良好)、C(合格)、D(努力)4 个。

 任务相关知识点

5.2.1　多媒体素材

在演示文稿的使用过程中，有时需要用音乐来烘托氛围，用视频素材来辅助讲解，这时就需要在幻灯片中添加多媒体素材。在 PowerPoint 2019 中，除了可以添加图片、形状、图标、3D 模型、SmartArt、图表等素材外，还支持视频、音频的添加。

5.2.1.1　添加多媒体素材

选中需要添加多媒体素材的幻灯片，然后点击"插入"选项卡，在"媒体"区域就可以看到"视频"按钮和"音频"按钮了，如图 5-38 所示。

图 5-38　"视频"、"音频"按钮

5.2.1.2　音频设置

默认情况下，PPT 加了背景音乐只是在插入的单页有效，下一页就没有了，如果每页都这么加一下，那么每页出来的音乐都是从头开始放。不用每页都加，我们可以设置一下播放效果的选项，比如让音乐从第一张幻灯片一直播放到最后一张幻灯片为止。

5.2.2　超链接

当鼠标放到有超链接的文字、图片或视频时，鼠标变成手型，超级链接可以完成在幻灯

片与幻灯片之间、幻灯片与其他外界文件或程序之间、幻灯片与网络之间自由地转换。

5.2.2.1 创建超链接

在 PowerPoint 2019 中我们可以使用以下两种方法来创建超链接：

（1）利用超链接按钮创建超链接

鼠标选中需要超链接的对象，例如：选中要创建超链接的对象（文字或图片等），单击工具栏"插入"→"超链接"按钮；或者鼠标右击对象文字，在弹出的快捷菜单中点击出现的"超链接"选项，接着在弹出的"插入超链接"窗口下面的"地址"后面输入要加入的网址，点击"确定"即可。也可以让对象链接到内部文件的相关文档，在"插入超链接"中找到需要链接文档的存放位置，如图 5-39 所示。

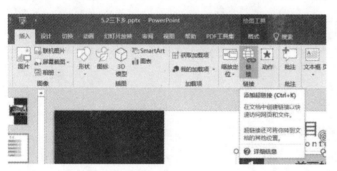

图 5-39 插入超链接

（2）利用"动作设置"创建 PowerPoint 超链接

同样选中需要创建超链接的对象，点击常用工具栏"插入"→"动作"按钮，弹出"动作设置"对话框后，在对话框中有"单击鼠标"与"鼠标悬停"两个选项卡，通常选择默认的"单击鼠标"，单击"超级链接到"选项，打开超链接选项下拉菜单，根据实际情况选择其一，然后单击"确定"按钮即可，如图 5-40 所示。若要将超链接的范围扩大到其他演示文稿或 PowerPoint 以外的文件中去，则只需要在选项中选择"其他 PowerPoint 演示文稿…"或"其他文件…"选项即可，如图 5-41 所示。

5.2.2.2 编辑超链接

在 PowerPoint 中，如需对已经设置的超链接进行修改，只需要鼠标右击链接对象字，在弹出的快捷菜单中选中"编辑链接"即可，如图 5-42 所示。

5.2.2.3 删除超链接

对于制作过程中已经确定不需要的超链接，可以通过鼠标选中需要删除超链接的对象，单击工具栏"插入"→"超链接"按钮弹出的对话框中选择"删除链接"按钮，如图 5-43 所示；或者鼠标右击需要删除超链接的对象，在弹出的快捷菜单中点击"删除链接"选项，就可以将设置的超链接删除。

图 5-40　动作设置"超链接"

图 5-41　设置"超链接"位置　　　　　　　　图 5-42　编辑链接

图 5-43　"删除链接"按钮

5.2.3　自定义动画

PowerPoint 2019 演示文稿中的文本、图片、形状、表格、SmartArt 图形和其他对象制作成动画,就赋予了它们进入、退出、大小或颜色变化甚至移动等视觉效果。

5.2.3.1　自定义动画的添加

"进入"效果,单击"动画"选项卡中的"添加动画"按钮,在下拉菜单中就可以选择"进入"的样式了,如图 5-44。如菜单中的效果还不能满足要求,也可以点击"更多进入效果",就可以看到所有 PowerPoint 提供的"进入"动画效果,如图 5-45 所示,根据需要选择合适的样式即可。

图 5-44　"进入"效果

图 5-45　"进入"动画效果

使用同样的方法可以添加"强调""退出""动作路径"的自定义动画。

5.2.3.2　自定义动画的设置

对于添加的自定义动画,可以通过"动画"选项卡中的"触发"按钮设置动画的触发事件,通过"动画刷"按钮复制动画设置,并添加给其他对象。"计时"区域可以对动画的"开始""持续时间""延迟"等内容进行设置,如图 5-46 所示。

5.2.3.3　动画窗格

在一张幻灯片中有多个对象添加了自定义动画后,动画的播放顺序控制就变得烦琐起来,在 PowerPoint 中,使用动画窗格能够对幻灯片中多个对象的动画效果进行设置,包括播放动画、设置动画播放顺序和调整动画播放的时长等,如图 5-47 所示。

图 5-46　动画设置

图 5-47　动画窗格

5.2.4　切换效果

PowerPoint 2019 的"切换"选项卡的"切换到此幻灯片"组中提供了三种类型的幻灯片切换效果，分别是"细微""华丽"以及"动态内容"，如图 5-48 所示，用户可以根据演示文稿内容，以及演讲、汇报的展示需要进行幻灯片页面之间的切换设置。

图 5-48　幻灯片切换效果

5.2.4.1　切换效果设置

默认情况下，在放映演示时，相邻幻灯片间的切换是没有设置动画效果的，我们可以通过下面三种方法为幻灯片的切换设置不同的动画效果，以提高演示文稿的感染力。

（1）逐一设置法

启动 PowerPoint 2019,打开相应的演示文稿,选中需要设置切换方式的幻灯片,选择"切换"选项卡,单击"切换到此幻灯片"组中"切换方案"下面的下拉按钮,选择一种切换动画方案,即可将该切换动画方案应用于选中的幻灯片中。重复上述步骤,可逐一为其他幻灯片设置切换动画方案。

（2）组合设置法

如果一个演示文稿中有很多张幻灯片,采取上面"逐一设置法"显然非常麻烦,而且效率不高,那么可以在"普通视图"或"幻灯片浏览视图"中,按住"Ctrl"键的同时选中多个不连续的幻灯片,再仿照上面"逐一设置法"中的操作方法,为选中的一组不连续的多张幻灯片同时设置切换动画方案。重复上面的操作,选中其他幻灯片组合,为其设置切换动画方案即可。

（3）全部应用法

如果希望整个演示文稿中的所有幻灯片均使用同一种切换动画方案,或者使用随机的切换动画方案,可以使用全部应用法。任意选中一张幻灯片,仿照上面的操作为其设置一种切换动画方案,或者设置一种"随机"切换动画效果方案,再单击一下"切换到此幻灯片"组中的"应用到全部"按钮,如图 5-49,就可以对所有幻灯片设置统一的切换效果。

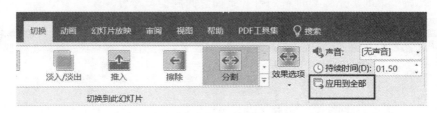

图 5-49　"应用到全部"按钮

5.2.4.2　切换计时设置

PowerPoint 中的每一种幻灯片切换效果都设置了默认的切换时长,如需要调整可以使用"切换"选项卡下的"计时"区域对幻灯片切换时的声音、持续时间、换片方式等进行调整。

5.2.4.3　预览幻灯片切换动画效果

（1）设置实时预览

在设置幻灯片切换效果时,每选中一种切换效果,PowerPoint 都提供了实时预览。

图 5-50　"预览"按钮

（2）按钮预览法

选中设置了切换动画方案的幻灯片,单击"切换"选项卡中的"预览"按钮,如图 5-50,即可进行设置切换效果的预览。

（3）放映预览法

选中设置了切换动画方案的幻灯片,然后进行下述一种放映操作,也可以预览切换动画效果:按下"Shift＋F5"组合键;从选中幻灯片开始放映;按下"Alt＋S＋C"组合键;使用快捷键 F5 从第一张幻灯片开始放映幻灯片;单击状态栏"幻灯片视图"工具栏上的"幻灯片放映"按钮。

5.2.5　排练计时

在演示文稿使用的过程中,如果对讲稿内容熟悉,可以通过"幻灯片放映"选项卡中的"排练计时"按钮,如图5-51,以排练方式运行幻灯片。在排练的过程中系统会自动记录下对幻灯片的操作时间,当排练结束后幻灯片就可以按照计时自动播放,大大简省了演示过程中鼠标的操作。

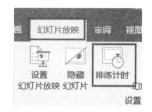

图 5-51　"排练计时"按钮

5.2.6　录制视频演示

对于制作视频教程的用户,PowerPoint 2019 还提供了录制幻灯片演示的功能,这使得活动宣传、企业宣传类演示文稿的汇报重复性大大降低。

通过"幻灯片放映"选项卡中的"录制幻灯片演示"按钮(图 5-52)即可开始录制,可以单击按钮右下方的黑色向下三角图标,设置是"从头开始录制…"还是"从当前幻灯片开始录制…"。

图 5-52　"录制幻灯片演示"按钮

通过录制界面可以控制录制的"录制""停止""重播",设置"麦克风""照相机"参数,在录制过程中可以使用屏幕笔、荧光笔以及备注信息等辅助录制,录制界面如图 5-53 所示。

图 5-53　"录制幻灯片演示"界面

总　结

单元 6　Internet 应用

本单元共分两个任务(任务1网上冲浪、任务2电子邮件),通过学习使读者能够达到以下目标。

1)知识目标

(1)了解 Internet 的发展;

(2)理解域名的概念;

(3)理解电子邮件的作用。

2)能力目标

(1)能够熟练使用浏览器;

(2)能够发送和接收邮件。

3)素质目标

(1)学会文明上网;

(2)争做网络文明的使者。

任务 6.1　网 上 冲 浪

学习目标:

1.能够启动和关闭浏览器;

2.能够熟练使用浏览器;

3.了解 Internet 的发展;

4.了解域名的概念;

5.了解上网存在的隐私安全隐患。

思政小讲堂:

请规范文明上网。

视频资源:

网上冲浪

 任务描述

现在利用计算机上网查阅资料已经成了我们生活中很重要的一项技能,无论是工作还是学习,熟练利用计算机进行网上查阅显得尤其重要。随着一学期的学习接近了尾声,现在我们要通过上网了解计算机专业的职业规划以及期末考试的相关资料,那么我们应该怎么进行网上冲浪呢? 本次任务将解决相关问题。

 **任务书**

新生入学后,已经学习了"高等数学""大学英语""计算机应用基础""入学教育"等课程,现需要查阅各课程的复习资料并上网了解计算机专业的职业规划。

 获取信息

引导问题1:自主了解计算机网络和 Internet 发展史。

引导问题2:什么是 WWW(万维网)?

引导问题3:以下哪个不是浏览器的图标?

A、Google Chrome　　B、Internet Explorer　　C、360安全卫士　　D、360安全浏览器

引导问题4:认识 IE 浏览器的界面。

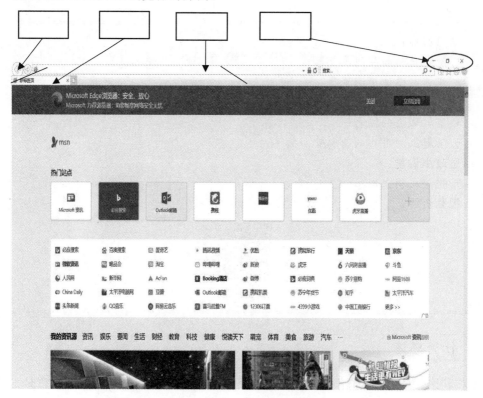

引导问题 5：如何收藏网页？

引导问题 6：常用的搜索引擎有哪些？

任务实施

1.打开浏览器

引导问题 7：打开浏览器的方法有哪些？

2.搜索资料并下载

引导问题 8：如何在浏览器中搜索资料？

引导问题 9：如何在浏览器中打开一个新的标签？

引导问题 10：如何在浏览器中下载资料？

引导问题 11：在上网的过程中如何确保自己的信息不被泄露？

3.关闭浏览器

引导问题 12：关闭浏览器过后，如果想要删除访问记录，应该怎么做？

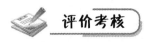 评价考核

项目名称	评价内容	评价分数		
		自我评价	互相评价	教师评价
职业素养考核项目	劳动纪律			
	课堂表现			
	合作交流			
专业能力考核项目	学习准备			
	引导问题填写			
	完成质量			
	是否按时完成			
	规范操作			
综合等级		教师签名		

注:评价等级分为 A(优秀)、B(良好)、C(合格)、D(努力)4 个。

 任务相关知识点

6.1.1　Internet 简介

Internet(互联网),又称网际网路或音译为因特网,是网络与网络之间所串连成的庞大网络,这些网络以一组通用的协定相连,形成逻辑上的单一巨大国际网络。这种将计算机网络互相连接在一起的方法可称作"网络互联",在这基础上发展出覆盖全世界的全球性互联网络称"互联网",即是"互相连接一起的网络"。

互联网并不等同于万维网(World Wide Web),万维网只是一种基于超文本相互链接而成的全球性系统,且是互联网所能提供的服务之一。单独提起互联网,一般都是互联网或接入其中的某网络,有时将其简称为网或网络(the Net),可以进行通信、社交、网上贸易。

6.1.2　Internet 发展历史

6.1.2.1　国外因特网的发展史

最早的因特网是由美国国防部高级研究计划局(ARPA)建立的。现代计算机网络的许多概念和方法(如分组交换技术)都来自 ARPAnet。ARPAnet 不仅进行了租用线互联的分组交换技术研究,而且做了无线、卫星网的分组交换技术研究,其结果导致了 TCP/IP 问世。1977—1979 年,ARPAnet 推出了目前形式的 TCP/IP 体系结构和协议。1980 年前后,ARPAnet 上的所有计算机开始了 TCP/IP 协议的转换工作,并以 ARPAnet 为主干网建立了初期的因特网。1983 年,ARPAnet 的全部计算机完成了向 TCP/IP 的转换,并在 UNIX(BSD4.1)上实现了 TCP/IP。ARPAnet 在技术上最大的贡献就是 TCP/IP 协议的开发和应用。1985 年,美国国家科学基金组织 NSF 采用 TCP/IP 协议将分布在美国各地的 6 个为科研教育服务的超级计算机中心互联,并支持地区网络,形成 NSFnet。1986 年,NSFnet 替

代 ARPAnet 成为因特网的主干网。1988 年因特网开始对外开放。1991 年,在连通因特网的计算机中,商业用户首次超过了学术界用户,这是因特网发展史上的一个里程碑,从此因特网的成长速度一发不可收拾。

6.1.2.2 我国因特网的发展史

我国因特网发展史可以大略地划分为三个阶段:

第一阶段为 1987—1993 年,也是研究试验阶段。在此期间我国一些科研部门和高等院校开始研究因特网技术,并开展了科研课题和科技合作工作,但这个阶段的网络应用仅限于小范围内的电子邮件服务。

第二阶段为 1994 年至 1996 年,同样是起步阶段。1994 年,中关村地区教育与科研示范网络工程进入因特网,从此我国被国际上正式承认为有因特网的国家。之后,Chinanet、CERnet、CSTnet、Chinagbnet 等多个因特网项目在全国范围相继启动,因特网开始进入公众生活,并在我国得到了迅速发展。至 1996 年底,我国因特网用户数已达 20 万,利用因特网开展的业务与应用逐步增多。

第三阶段从 1997 年至今,是因特网在我国发展最为快速的阶段。我国因特网用户数 1997 年以后基本保持每半年翻一番的增长速度。据我国因特网络信息中心(CNNIC)公布的统计报告显示,截至 2020 年 12 月 20 日,我国上网用户达到 9.98 亿人,网购用户 7.82 亿人,短视频用户 8.73 亿人,互联网普及率达到 70.4%,农村地区普及率 55.9%。

6.1.3 浏览器的使用(均以 edge 浏览器为例)

(1)浏览器的启动和退出

①启动浏览器:单击桌面左下角"开始"菜单,然后单击"所有程序",找到浏览器图标单击启动或者在桌面直接双击快捷方式进行启动。

②关闭浏览器:单击浏览器界面右上角的"X"键进行关闭,或者直接"Alt+F4"两个按键同时按。

(2)浏览网页

①搜索栏搜索:打开浏览器直接点搜索栏输入 IP 地址或者域名。比如:搜索百度,我们就直接输入 www.baidu.com 然后敲击回车键进行搜索,如图 6-1 所示。

图 6-1 搜索栏

②使用"历史记录"浏览网页:打开浏览器,在浏览器右上角点击三个点如图 6-2 所示,然后在下拉菜单中选择"历史记录",在弹出来的对话框中选择要打开的记录,如图 6-3 所示。

图 6-2 打开历史记录 1　　　　　　　　　图 6-3 打开历史记录 2

6.1.4 "收藏夹"的使用

（1）"收藏夹"的作用

我们在浏览网页的时候，遇到自己觉得需要反复使用的或者比较感兴趣想收藏的网页，我们可以把网页放进"收藏夹"。

（2）具体操作

在浏览网页的过程中，点击搜索栏旁边的五角星，然后右键点击"收藏夹栏"，选择"添加文件夹"作为保存收藏网页的文件夹，然后对该文件夹进行命名，鼠标右键点击刚才新建的文件夹，在弹出的选项中选择"将当前标签页添加到文件夹"，最后对标签页进行命名，如图6-4 所示（注：不同浏览器收藏夹所在位置不一样）。如果需要打开收藏的网页，先打开"收藏夹"，然后找到自己要打开的网页，点击即可。

图 6-4 收藏夹

6.1.5 更改浏览器默认主页

打开浏览器，点击右上角三个点，在下拉菜单中选择"设置"（图 6-5），在弹出的界面中选择"默认浏览器",如图 6-6 所示,然后将 Microsoft Edge 设置为默认浏览器,如图 6-7 所示。

图 6-5　找到"设置"　　　　　　　图 6-6　打开"设置"

图 6-7　设置默认浏览器

6.1.6　域名

（1）简介

域名（Domain Name），是由一串用点分隔的名字组成的 Internet 上某一台计算机或计算机组的名称,用于在数据传输时标识计算机的电子方位（有时也指地理位置,地理上的域名,指代有行政自主权的一个地方区域）。域名使一个 IP 地址有"面具"。一个域名的目的是成为便于记忆和沟通的一组服务器的地址（网站、电子邮件、FTP 等）,世界上第一个注册的域名是在 1985 年 1 月注册的。

（2）域名的组成

一般一个完整的域名是由两部分或者三部分组成，每一部分都用英文的句号"."隔开。例如：www. baidu. com、sina. com 等。

（3）域名的常见类型

".com"（一般代表商业性的机构或公司），". net"（最初用于网络机构），". org"（一般代表非营利组织、团体），". cn"（代表中国网站），其他的还有很多，就不一一列举。

 总　结

....
....
....
....
....
....
....

任务 6.2　电子邮件

学习目标：

1. 能够查阅电子邮件；
2. 能够发送电子邮件；
3. 了解电子邮件的功能；
4. 了解电子邮件软件。

思政小提示：

发送电子邮件应注意行文规范。

视频资源：

电子邮件

 任务描述

随着时代的发展，电子办公已经成为生活中的办公基本技能，我们在沟通的时候经常需要用到电子邮件，电子邮件已经成为办公很重要的一部分。

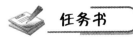 **任务书**

现在已经进入学期末了,为了践行绿色环保的生活理念,现在学校的老师提倡无纸化的作业,因此,小明需要将期末作业打包成电子邮件发送给老师。

 **获取信息**

引导问题 1:自主了解电子邮件的发展。

引导问题 2:常用的电子邮件软件有哪些?

引导问题 3:电子邮箱有哪些功能?

引导问题 4:如何发送电子邮件?

引导问题 5:如何在电子邮件里发送大的附件?

引导问题 6:怎么查看收到的邮件记录?

任务实施

1.打开电子邮箱(以网易邮箱为例)

引导问题 7:除了网易邮箱,有没有其他专门用来接收邮件的软件?

2.编写邮件

引导问题 8:编写邮件应该注意什么?

引导问题 9:电子邮件有哪些书写规范?

引导问题10：如果我有一个附件要上传应该怎么做？

引导问题11：我邮件写到一半中途要退出邮箱，可以保存吗？

3.退出电子邮箱

引导问题12：简述退出邮箱的步骤。

 评价考核

项目名称	评价内容	评价分数		
		自我评价	互相评价	教师评价
职业素养考核项目	劳动纪律			
	课堂表现			
	合作交流			
专业能力考核项目	学习准备			
	引导问题填写			
	完成质量			
	是否按时完成			
	规范操作			
综合等级		教师签名		

注：评价等级分为 A(优秀)、B(良好)、C(合格)、D(努力)4 个。

任务相关知识点

6.2.1　电子邮件的发展

据电子邮件的发明人雷·汤姆林森(Ray Tomlinson)回忆道，电子邮件的诞生是在1971 年秋季(确切的时间已经无法考证)，当时已经有一种可传输文件的电脑程序以及一种原始的信息程序。但两个程序存在极大的使用局限——例如：使用信息程序的人只能给接收方发送公报，接收方的电脑还必须与发送方一致。

发明电子邮件时，汤姆林森是马萨诸塞州剑桥的博尔特·贝拉尼克·纽曼研究公司(BBN)公司的重要工程师。当时，这家企业受聘于美国军方，参与 ARPAnet 网络(互联网的前身)的建设和维护工作。汤姆林森对已有的传输文件程序以及信息程序进行研究，研制出一套新程序，它可通过电脑网络发送和接收信息，再也没有了以前的种种限制。为了让人们都拥有易识别的电子邮箱地址，汤姆林森决定采用@符号，符号前面加用户名，后面加用户邮箱所在的地址。电子邮件由此诞生。

虽然电子邮件是在 20 世纪 70 年代发明的,它却是在 80 年代才得以兴起。20 世纪 70 年代的沉寂主要是由于当时使用 ARPAnet 网络的人太少,网络速度也太慢。受网络速度的限制,那时的用户只能发送一些简短的信息,根本别想像现在那样发送大量照片。直到 20 世纪 80 年代中期,随着个人电脑的兴起,电子邮件开始在网民中广泛传播开来;到 20 世纪 90 年代中期,互联网浏览器诞生,全球网民人数激增,电子邮件被广为使用。

6.2.2 电子邮件的使用

6.2.2.1 启动网易邮箱
打开浏览器输入 163 邮箱,点击进入官网,登录界面如图 6-8 所示。

6.2.2.2 网易邮箱的使用
邮箱首页包含的内容如图 6-9 所示。

图 6-8 登录邮箱

图 6-9 首页功能

(1)功能简介
- 红旗邮件:将重要的邮件设置为红旗邮件,就可以在这一栏里面快速地找到邮件。
- 待办邮件:将邮件标记为“待办”并设置处理时间,到期时邮箱会提醒您处理该封邮件。
- 星标联系人邮件:设置“星标联系人”,方便在“星标联系人邮件”中查看和他们的邮件往来 。
- 草稿箱:没有写完的邮件,会自动存入草稿箱,你可以下次继续写,也可以选择删除。
- 已发送:里面存有已经发送的邮件。
- 其他 2 个文件夹:里面包含已删除和垃圾邮件,已删除里面存放的是已删除的邮件,可以彻底删除和还原。垃圾邮件里面存放的是被视为垃圾邮件的邮件。

(2)收信
收到的不是垃圾邮件的信会自动存入收件箱,点击收信即可查看收到的邮件,如图6-10所示。

(3)写信

在收件人一栏输入收件人的邮箱地址,在主题栏写入邮件的主题,添加附件一栏用于添加附件,在下面的文本框中写入本次邮件的主题,如图 6-11 所示。在发件人那里点击下拉箭头可以修改发件人昵称,如图 6-12 所示,最后点击发送。

图 6-10　收信　　　　　　　　　　　　　图 6-11　写信

(4)通讯录

点击"新建联系人",如图 6-13 所示,在弹出的界面中,输入联系人的信息如图 6-13 所示,即可添加联系人到通讯录。以后可以在通讯录中直接发送邮件给某人,如图 6-14 所示。

图 6-12　更改昵称　　　　　　　　　　　图 6-13　通讯录

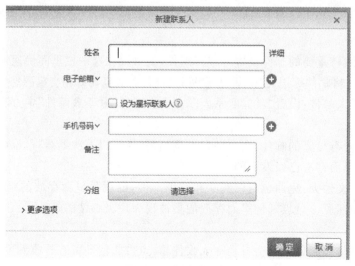

图 6-14　新建联系人

（5）其他功能

• 自动回复：在邮箱账号旁边点击设置，下拉菜单中选择"常规设置"，然后找到"自动回复/转发"，设置启用时间段，及回复信息，如图 6-16 所示。

图 6-15　新建联系人结果展示

• 邮件分类：在邮箱账号旁边点击设置，在下拉菜单中选择"常规设置"，然后找到"来信分类"，然后点击"新建分类"，在弹出的对话框中设置分类条件，如图 6-17 所示。

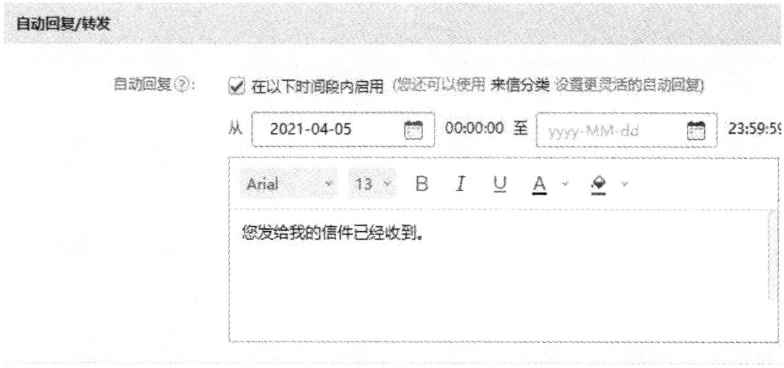

图 6-16　自动回复

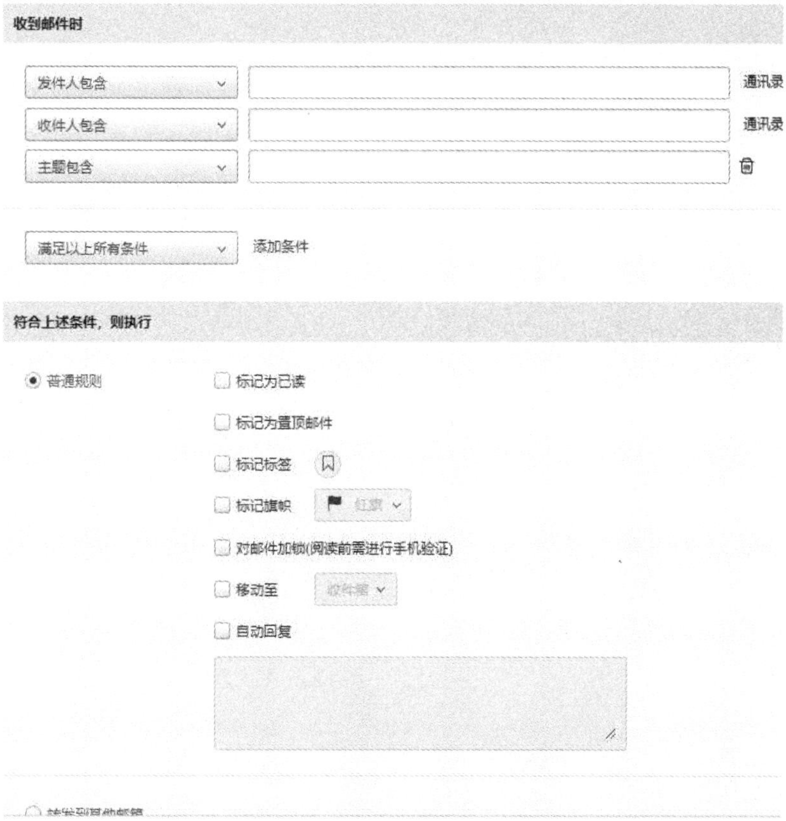

图 6-17　来信分类

总　结

参 考 文 献

［1］眭碧霞.计算机应用基础任务化教程［M］.北京:高等教育出版社,2015.

［2］张彦,苏红旗,于双元,等.计算机基础及 MS OFFICE 应用［M］.北京:高等教育出版社,2020.

［3］黄林国.用微课学计算机应用基础(Windows 10＋Office 2019)［M］.北京:电子工业出版社,2020.

［4］杨阳.Word/Excel/PPT 办公应用大全零基础到精通 2019 版［M］.天津:天津科学技术出版社,2020.